Unreal Engine 4 for Design Visualization:
Developing Stunning Interactive Visualizations, Animations,
and Renderings

Unreal Engine 4
可视化设计

交互可视化、动画与渲染开发绝艺

〔美〕Tom Shannon 　著

龚震宇 　译

U0218236

电子工业出版社
Publishing House of Electronics Industry
北京·BEIJING

内容简介

本书作者是著名的虚幻引擎专家，有着丰富的可视化开发经验。他在本书中介绍了如何使用虚幻引擎 4（Unreal Engine 4，UE4）创造可视化内容。首先，本书将告诉你使用 UE4 开发可视化内容的优势所在，并介绍了 UE4 的基本功能。然后，通过实例由浅入深地演示了使用 UE4 开发可视化项目的完整过程。

本书主要面向可视化领域或有志于进入这个领域的开发和设计人员。

版权贸易合同登记号　图字：01-2017-7537

图书在版编目（CIP）数据

Unreal Engine 4 可视化设计：交互可视化、动画与渲染开发绝艺 /（美）汤姆·香农（Tom Shannon）著；龚震宇译 . —北京：电子工业出版社，2020.5
书名原文：Unreal Engine 4 for Design Visualization: Developing Stunning Interactive Visualizations, Animations, and Renderings
ISBN 978-7-121-38677-0

Ⅰ．① U…　Ⅱ．①汤…②龚…　Ⅲ．①虚拟现实—程序设计　Ⅳ．① TP391.98

中国版本图书馆 CIP 数据核字（2020）第 037322 号

责任编辑：付　睿
印　　刷：中国电影出版社印刷厂
装　　订：中国电影出版社印刷厂
出版发行：电子工业出版社
　　　　　北京市海淀区万寿路 173 信箱　邮编：100036
开　　本：787×980　1/16　　印张：19.5　　字数：448 千字
版　　次：2020 年 5 月第 1 版
印　　次：2020 年 5 月第 1 次印刷
定　　价：129.00 元

凡所购买电子工业出版社图书有缺损问题，请向购买书店调换。若书店售缺，请与本社发行部联系，联系及邮购电话：（010）88254888，88258888。
质量投诉请发邮件至 zlts@phei.com.cn，盗版侵权举报请发邮件至 dbqq@phei.com.cn。
本书咨询联系方式：（010）51260888-819，faq@phei.com.cn。

致我的母亲，我爱你！

译 者 序

本书的主要内容是如何使用 UE4 进行可视化设计。

虚幻引擎（Unreal Engine）是 Epic Games 公司开发的一款专业级的游戏引擎。我喜欢的"战争机器"系列和"质量效应"系列游戏，还有近年来非常火爆的《绝地求生》和《堡垒之夜》游戏，都是使用虚幻引擎开发的。虚幻引擎的主要特点是其拥有非常强大的图像实时渲染能力，用它制作的游戏都具有令人印象深刻的游戏画面。虽然与光线跟踪渲染引擎相比，虚幻引擎略有不足，但是其能够做到实时渲染。虚幻引擎还具有许多其他优势，比如易于使用的编辑器界面、强大的可视化脚本编辑功能、丰富的文档和开发社区支持、能够访问完整的引擎代码等，而且它是完全免费的。

作为游戏行业的从业人员，我对于虚幻引擎的理解可能更多地局限在游戏领域。但是实际上，虚幻引擎可以应用在可视化、动画和电影等许多行业，而且比这些行业内现有的软件做得更好。因此，很有必要将虚幻引擎介绍给更多的人，本书就是非常好的参考。Epic Games 公司在虚幻引擎启动器的页面中推荐过本书的英文版，其获得的评价很高，所以将它翻译成中文版并推荐给国内的读者是很有价值的。

需要注意的是，本书的内容更侧重于让读者了解正确的可视化项目的工作流程，而不是每个技术细节。而且，因为篇幅有限无法对每个术语都做出非常详细的解释，所以需要读者对可视化和计算机图形的相关技术有一定的了解。

对于中国的开发者和读者来说，有件事其实挺矛盾的。一方面大家都希望引擎的编辑器能完全汉化，另一方面又希望编辑器中的一些术语保持原样。这样的困惑不但对于使用者来说存在，而且对于虚幻引擎官方来说也是如此。在他们所发布的引擎中文版编辑器的界面中，中英文混杂，有些术语被翻译成了中文，而有些术语由于翻译之后可能会失去原味所以还是使用了英文。虚幻引擎官网上的文档也是如此，而且存在着文档中一些术语的中文与编辑器上的不一致的现象，这也给我的翻译工作带来了一些困惑。所以，我在本书中也继承了虚幻引擎中英文混杂的传统，请读者理解。

最后，感谢电子工业出版社引进本书，感谢编辑付睿对这项翻译工程的推动，还要感谢我亲爱的妻子嵇秀梅和宝贝女儿龚心怡的陪伴。

2019 年 10 月 14 日

龚震宇

前　言

虚幻引擎 4（Unreal Engine 4，UE4）正迅速成为继游戏、可视化甚至电影长片的下一个热点。可视化厂商、业余爱好者和专业人士都渴望探索其可能性。UE4 是一个庞大的应用程序，具有数千个功能，数百小时的培训视频，以及大量教程、维基百科内容和社区指南内容。这些资源可以回答有关 UE4 的许多问题，但是想要找出对于可视化而言的重要内容可能非常困难。几乎所有可用的学习资源都是为了创造游戏，而不是可视化。

对于理解如何创建传统渲染内容的人来说，UE4 看起来可能既非常熟悉又非常陌生。功能上有许多相似之处可以使学习 UE4 变得容易，而在其他时候，这些功能只是名字相似，但在实践中却是非常不同的。错误的假设可能导致挫败，而且似乎无法克服。

本书的目标是成为可视化工作室和个人的指南，过滤掉"噪声"，使用真实世界的示例、可靠的工作流及一些工具和技巧呈现最相关的信息。

本书的目标读者

本书面向希望在 UE4 中创造最具视觉冲击力、互动性和创新性的实时应用程序、渲染和动画的可视化专家。本书也面向技术主管，他们需要带领一个可视化艺术家团队，甚至可能有一位程序员，需要快速地实现目标，并且需要确切地知道如何实现。

在攻克这本书之前，你应该对 3D 渲染是如何工作的有专业级的理解。你应该熟悉材质、全局照明（GI）、多边形建模和 UV 映射这些概念。我不会介绍 UE4 之外的特定的可视化数据工作流程。假设你很擅长将提供给你的原始数据处理为有组织的、优化的 3D 格式来进行渲染，还假设你是光线跟踪技术的行家，而且你应该很熟悉折射和菲涅耳衰减这样的术语。

如果你对蓝图（Blueprint）感兴趣，我强烈建议你具备一些脚本、编程或计算机逻辑方面的背景知识。一些概念会贯穿于蓝图和 UE4 中，如 For 循环、If 语句、变量，以及布尔值、浮点数和字符串等变量类型。本书概述了蓝图中的编程技术，但并不是编程教程。另外，蓝图对用户非常友好，任何具有脚本编写经验的人，特别是熟悉 3D 应用程序中的脚本的人，都能轻松上手。

如果你是一个更高阶的脚本编写员、程序员或 UI 开发者，你在使用蓝图时会感觉同在家一样舒服。函数、类型变量和对象继承的行为与任何面向对象的编程语言非常相似。像任何编程语言和开发平台一样，虚幻引擎非常具体地说明了它是如何做的，所以你应该看一下前面几章的内容，以便更好地了解幕后发生的事情。创建可视化需要结合多种强大的技术技能，理解提供的数据，利用可用的工具，以及拥有敏锐的艺术和设计意识，来掌握如何呈现和完善当今的可视化客户所期望的复杂效果。

本书是如何组织的

本书分为 3 个部分。第 1 部分是 UE4 的技术概述，介绍其主要功能、系统和工作流程。第 2 部分演示一个简单的 UE4 交互式应用程序，引入了一些示例内容来构建它，在这一部分你将学习 UE4 编辑器的基本知识并开始创建第一个蓝图。在第 3 部分中，你将看到一个真实世界的建筑可视化项目的完整过程。从 3ds Max 中的客户数据开始；使用虚幻引擎的 Lightmass 添加光照；创建和应用材质；创建 Sequencer 摄像机动画并将其渲染到磁盘；直到最后，完成一个具有完整的用户界面、交互式元素和照片级真实渲染质量的交互式可视化应用程序。

在第 1 部分中，你将从概念和技术的角度开始探索 UE4，例如安装启动器和引擎，创建项目，以及了解关卡、地图和资源。你将学习到重要的术语和技术，确保在阅读本书及在其他地方寻求帮助时，可以很好地理解所谈论的内容。我将尝试从技术角度解释工作原理，以方便你学习这些课程，并且能更轻松地将它们应用到你自己的可视化作品中。你将从一个 V-Ray 或 Mental Ray 用户的角度阅读这些内容，这样的用户会是第一次打开 UE4 的用户，并且不得不面对离线渲染和实时渲染之间的差异。

在了解了基础知识并深入理解幕后发生的事情之后，你将开始研究真实世界的示例。这些内容是以更接近教程的风格编写的，有详细的步骤说明。所有项目源文件（Max 和 UE4 项目文件）都可以从本书的配套网站上下载，这样你就可以按照每个步骤进行操作。

第 1 部分　虚幻引擎 4 总览

第 1 章　虚幻引擎 4 入门　通过对 UE4 详尽的综述，你可以了解 UE4 为可视化带来了什么，你将面临哪些挑战和如何克服这些挑战，从何处获得帮助，以及如何开始规划你的第一个 UE4 项目。

第 2 章　使用虚幻引擎 4　UE4 的工作流程与你之前作为可视化专业人员所使用的任何工作流程都有很大的差异。你将学习 UE4 的所有主要元素如何作为一个整体协同工作，以创建、编辑和发布交互式应用程序。

第 3 章　内容通道　在学习使用 UE4 的过程中，如何将内容放入 UE4 可能是你最先会遇到的困难和挑战。你将学习 UE4 如何从其他应用程序导入和处理 2D 和 3D 内容，并且对于如何将其集成到你现有的通道中获得一点启发。

第 4 章　光照和渲染　UE4 引入了革命性的基于物理的渲染系统，可以在每帧几十毫秒内产生出色的效果。你将学习如何利用多年积累的渲染技术，并将其应用于 UE4 的基于物理的渲染（PBR）和光照系统。

第 5 章　材质　创造丰富、逼真的材质对于实现照片级的真实感至关重要。UE4 中的材质是 PBR 工作流程中不可或缺的一部分，与你之前使用的任何材质系统都不同。在这一章中你将了解到材质是如何构造的，PBR 的各个组件如何工作，并开始了解材质实例如何使在 UE4 中创建材质变得可交互和有趣。

第 6 章　蓝图　蓝图是脚本和游戏编程的一场革命。你现在可以开发丰富的尖端应用程序，而无须编写任何代码。但是，蓝图仍然是一种编程语言，学习它的基础知识将使你能够快速地开始开发工作。

第 2 部分　你的第一个虚幻引擎 4 项目

第 7 章　建立项目　学习如何定义项目目标，然后了解如何创建新项目并进行基本项目设置，以便从选择现成的 Starter Content 开始构建你的关卡。

第 8 章　填充世界　使用 Starter Content，你将首次探索编辑器的使用方法，将资源放入世界中成为 Actor，移动它们，修改它们，然后放置光源以照亮场景。

第 9 章　使用蓝图实现交互　构建你的第一个蓝图类、玩家控制器、Pawn 和游戏模式。分配输入映射，对玩家输入进行编程，使玩家能够以第一人称视角在关卡中四处走动。

第 10 章　打包和发布　在项目可以正常工作后，就可以将其作为独立应用程序进行发布了。在 UE4 中，这个过程称为打包（Packaging），通过其创建的经过优化、易于安装和运行的应用程序，可以非常方便地进行压缩和发送。

第 3 部分　建筑可视化项目

第 11 章　项目建立　你将再次定义项目目标。这次是为了创建一个高端的建筑可视化项目，它有两个关键的交付内容：一个交互式的应用程序和一个使用 Sequencer 渲染的预渲染场景漫游动画。

第 12 章　数据通道　学习如何在将 3D 数据导出到 FBX 之前准备和组织数据。你将了解到建筑和道具之间的差异。然后，你将探索几种不同的导入数据到 UE4 中的方法，重点关注 FBX 导入和导出的工作流程。

第 13 章　填充场景　在你的数据导入 UE4 之后，就可以将它们放入你的 UE4 关卡中了。有几个策略需要学习，你将看到这一章会使用几种策略来把建筑和道具都放入场景中期望的位置。

第 14 章　建筑光照　UE4 的 Lightmass 全局照明解决方案非常漂亮，但与以前渲染场景光照的方式有很大不同。了解如何使场景获得令人惊叹的高动态范围光照，并在几十毫秒内完成渲染。

第 15 章　建筑材质　基于你在本书第 1 部分中学到的材质的基础知识，你开始构建主材质、编程参数和其他着色器逻辑，以实现灵活、快速和美观的材质实例集并将其应用于场景。

第 16 章　使用 Sequencer 创建过场动画　能够在几十毫秒内渲染照片级逼真的动画，这打开了一个充满创意的世界。学习创建 Sequencer 动画，使用电影摄像机来获得物理上正确的电影级的外观，包括一些效果（如景深、运动模糊和虚光等）。完成后，你将了解到如何只用几分钟就以每秒 60 帧 4K 分辨率将 90 秒的场景漫游动画录制完成并保存到磁盘上。

第 17 章　为关卡的交互性做准备　碰撞对于良好的交互式体验是绝对重要的，它也是UE4 开发中最复杂和最容易被误解的领域之一。因为电子游戏需要如此多的交互元素，所以碰撞处理已经发展得非常快了，但是有时很难设置。在这一章中你将学习如何方便地准备你的关卡，使得角色可以在其中四处走动而不会穿过地板或墙壁。

第18章　中级蓝图——UMG交互　交互式可视化的最大优势之一是，能够在上下文中实时比较不同的选项。你将学习如何设置流送关卡，然后使用蓝图在运行时交换它们。使用一个简单的UMG制作的用户界面，将这个功能开放给玩家。

第19章　高级蓝图——材质切换器　如果你非常想寻找一些挑战，那么这一章就是为你准备的。在这里，你将看到一个作为真正产品的材质切换蓝图是如何开发出来的。这个高阶功能不仅对玩家开放，而且还对关卡设计师（LD）开放，允许他们在编辑器中进行可视化设置，还创建了一个可以在任何项目中重用的完整工具集。

第20章　结语　本书只接触到了UE4的冰山一角，我希望它可以给你们打下一个良好的基础，并为以后的方向带来一点灵感。在结论部分，我将讨论UE4和使用它的行业的发展方向，以及这些将如何影响可视化的未来。

本书约定

本书中使用了以下排版约定：

- **粗体** 表示新的术语，以及变量和参数名称。
- *楷体* 表示属性和参数可以设置的值。

读者服务

微信扫码回复：38677

- 获取博文视点学院20元付费内容抵扣券
- 加入本书读者交流群，与更多读者互动、反馈疑问
- 获取本书配套下载文件（包含UE4项目文件和3ds Max源文件，以及其他资源和链接）
- 获取免费增值资源

致　　谢

我要感谢 Pearson Education 培生教育出版集团的执行编辑 Laura Lewin，她提供了出版本书的机会。我也要感谢 Sheri Replin，我出色的开发编辑，感谢她的反馈和指导；感谢 Paula Lowell 的编辑工作；感谢 Lori Lyons 提供的帮助。我还要感谢 Olivia Basegio，是她将所有一切都整合在一起。

本书的技术评审们提供了深入的反馈及源源不断的知识和经验，其实他们所做的远远超过了这些。我无法完全表达我对 David Sparks 的感激之情，他提出了许多深思熟虑的建议，而且他多年的教育工作者和培训师的经验是我的依靠。我还要感谢 Epic Games 公司的 Tim Hobson 和 Sam Deiter，他们付出了许多时间和精力来确保信息尽可能准确。

我要感谢 Epic Games 公司的远见卓识和激情，感谢公司带着我一起前进。我感到非常荣幸和兴奋，可以与世界上最好的游戏开发者一起工作，塑造视觉交流的未来。

我还要感谢 Hoyt Architecture 实验室和 Imerza 的团队，特别是 Dorian Vee 和 Gary Hoyt，感谢他们的慷慨和支持，感谢他们为本书的读者提供了访问其源内容的机会。

最后，我要感谢我妻子无限的支持、鼓励和鼓舞，感谢孩子们的爱，你们为我的日常生活带来快乐与欢笑。

关 于 作 者

Tom Shannon 是一位 UE4 专家 / 拥趸，也是一位技术型的艺术家，拥有超过 10 年的使用虚幻引擎开发电子游戏和可视化项目的专业经验。他对游戏和游戏技术充满热情，同时对可视化及可视化对现实世界的重要性和影响也是如此。他每天的工作是与建筑师、工程师和设计师一起构建世界，然后用巨型机器人与程序员、动画师和效果艺术家一起再将它摧毁。

Tom 生活在科罗拉多，与他一起生活的有他美丽又能鼓舞人心的妻子 Serine，还有他出色又谦虚的孩子 Emma 和 Dexter。

关 于 译 者

龚震宇，南京大学计算机科学与技术系毕业。在电子游戏行业从业多年，作为程序员，专注于计算机图形学领域，熟悉 OGRE、Unity 和 Unreal 等多个游戏引擎。曾参与翻译《AR 游戏：基于 Unity 5 的增强现实开发》。

目　　录

第 1 部分　虚幻引擎 4 总览

第 3 部分　建筑可视化项目

虚幻引擎4总览

第 1 章

虚幻引擎4入门

虚幻引擎4（UE4）是一个功能强大的软件开发和内容创建平台。它的图形能力、强大的工具和无与伦比的可扩展性使它成为最受欢迎的开发平台之一。游戏开发者、建筑师、科学家、业余爱好者、电影制作者和视觉艺术家们，都在使用UE4创造令人惊叹的和最先进的交互式体验。所有这些人已经在某个地方开始了他们的第一个UE4的项目，而那个地方可能就是虚幻引擎官网。

1.1　虚幻引擎 4 是什么

虚幻引擎 4（UE4）是 Epic Games 公司开发的著名游戏开发工具"虚幻引擎"的最新版本。它是一款首屈一指的专业电子游戏开发工具套件，它结合了尖端的基于物理渲染（Physically Based Rendering, PBR）的材质、反射和光照技术，以及用于创建真实的交互式体验的各种强大工具。这些工具包含了物理模拟、光照和阴影、用户界面（UI）、植物生成和渲染、大规模地形、复杂材质、可视化脚本、角色动画、粒子模拟、过场动画、多人网络游戏等，涵盖了一个经验丰富的游戏开发团队制作一个百万美元利润的 3A 级大作时所需的一切工具。由于可以获得其完整且可修改的 C++ 源代码，因此开发者可以自己添加 UE4 缺少的任何功能。

尽管 UE4 功能强大而且复杂，但是却非常容易使用。UE4 编辑器（参见图 1.1）拥有现代化的界面、出色的工具、维护良好的文档、完整的源代码访问路径及一个蓬勃发展的社区。一个人就可以非常快速地以专业的水准创造出震撼人心的游戏、仿真系统或可视化系统。

图1.1　UE4编辑器界面

小型团队可以轻松地在同一个项目中一起成长和协同工作，这让他们能够实现令人难以置信的壮举，这样的壮举曾经被认为只有拥有庞大预算的大工作室才能实现。现在，任何人只要有一台功能足够强大的计算机，就可以免费下载 UE4，并开始创建属于自己的奇妙交互世界。

1.2　虚幻引擎简史

自 20 世纪 90 年代末以来，Epic Games 公司和其他专业游戏开发商，已经使用了各种版本的虚幻引擎并创造了数量惊人的畅销和获奖游戏及仿真系统。游戏中有《战争机器》《质量效应》《蝙蝠侠：阿卡姆骑士》，当然还有《虚幻竞技场》（*Unreal Tournament*），它们都是使用虚幻引擎开发的。

从传统意义上讲，使用专业级游戏引擎是一种非常需要高技术且昂贵的方案，对于大多数小型游戏工作室而言是很难企及的。即使对于技术水平很高的专业可视化人员和大型团队来说也很难使用。这迫使许多小型独立游戏工作室和可视化开发人员不得不研发定制化的引擎，或采用性能低、成本低且技术难度较低的解决方案。这些解决方案包括早期的中间件渲染器、物理库、声音系统和其他工具。这些工具可以拼凑在一起以创造一个效果不错的项目，但这通常缺乏灵巧性和视觉质量，而且对于制作者来说仍然显得过于复杂。

在过去的10年中，独立游戏（多为自筹资金的小型工作室开发的游戏）已经大受欢迎，并且经常可以在商业上获得巨大的成功。现在，成千上万的个人和小团队正在为大量游戏玩家创造游戏和体验。

虽然许多独立团队已经开发了自己的独立引擎，但是还有许多人依赖于一些中间件引擎，如Unity 3D、DX Studio和Torque等。这些引擎的开发旨在提供成本远低于专业游戏引擎（如虚幻引擎3和CRYENGINE等）的完整的集成游戏开发工具集，甚至Epic Games公司也推出了一个名为虚幻开发件（Unreal Developers Kit，UDK）的免费二进制版虚幻引擎3，以进入这个领域。

尽管这些引擎已经被证明获得了巨大的成功，但它们总是在扮演着最先进的游戏开发工具的追赶者，这让独立开发者和小型工作室处于明显的技术劣势。

1.3　虚幻引擎4简介

经过多年北卡罗来纳州卡里的Epic Games公司总部内的潜心开发，Epic公开发布了下一代游戏引擎虚幻引擎4（一个带有少量演示项目的秘密的封闭测试版），作为已经获得了巨大成功的虚幻引擎3的继任者。

这一发布绝对前所未有，并震撼了整个行业。

UE4不仅仅是某种引擎模块，也不仅仅是一个演示，它提供了完整的C++源代码和工具。这一切以前需要花费数万美元，现在所有这些都只需要每月很低的订阅费用。这个引擎还包括强大的文档，并且可以直接获得开发人员的支持并访问他们正在开发的代码库。

这在游戏开发社区内获得了非常快速和积极的反应。数百名开发者下载了引擎并开始制作游戏和演示项目，这样很快就开始重新定义独立游戏的外观、声音和游戏性。

UE4引入了一个全新的编辑器，这是从头开始构建的跨平台、可扩展和带有现代感的编辑器。渲染管线已经进行了全面改革，使用了基于物理的材质和光照，以渲染令人难以置信的逼真场景，其可以与光线跟踪渲染的质量相媲美。

新的光照和反射系统，与完全线性的渲染管线和先进的后期处理效果相结合，可以创造出与最好的渲染电影相媲美的电影级视觉效果，同时却拥有无与伦比的易用性，这在游戏引擎中前所未见。

UE4引入了一个全新的可视化脚本语言——Blueprint（蓝图），游戏世界中几乎所有内容都可以在引擎中用脚本完成并进行实时测试，而无须开发人员编写一行代码。整个游戏，包括多人游戏功能和 HUD（Head Up Display，抬头显示），只用蓝图就可以完成创作，使开发人员从编写C++ 程序的重担中解脱出来。

UE4 在推出时无疑比其最亲密的竞争对手领先了数年。即使其最高级别的专业版本，任何人每月只需要 20 美元的小额订阅费就可以下载。

不到 1 年之后，Epic 宣布放弃每月的费用并开放引擎供任何人免费下载和使用。市场上最强大的游戏引擎突然变成了费用最低、最易于使用、最开放并拥有最好支持的引擎。

Epic Games 公司并没有满足于现状。自 2014 年首次发布以来，UE4 总计已经发布了 16 个主要版本的更新。每次更新都带来了数百个新功能和数千个功能改进和错误修复。例如，一些重要的渲染功能，头发和皮肤的着色；一些核心功能，如 VR（Virtual Reality，虚拟现实）的集成，以及对几乎所有最新硬件的持续更新支持。多亏了源代码开放，Epic Games 公司可以和社区开发者共同且公开地开发 UE4，他们相互协作并直接为引擎的开发做出贡献，帮助确保每个功能尽可能健壮、没有错误和可用。从未有过如此开放和自由地开发这么庞大的软件，而结果说明了一切。

不仅有大大小小的游戏开发者簇拥到 UE4 来实现他们的愿景，各种非游戏开发者也都开始拥抱这个引擎。电影制作者、音乐家、建筑师、工程师等都开始使用功能强大且易用的 UE4。以前从未梦想过使用甚至获得游戏引擎的创意专家和团队，已经开始越来越多地使用 UE4 来创建他们自己独特的、交互式的视觉故事。

1.4 虚幻引擎 4 可视化的亮点

UE4 拥有制作 3A 级电子游戏或可视化项目所需的一切。事实上，它提供了许多工具，拥有各种优点和功能。以下只是在可视化开发中最重要的内容。

- **UE4 编辑器**：动态、现代、有趣的游戏开发套件，由专业的游戏开发者开发，他们也依靠引擎制作自己的游戏。编辑器将引擎的所有工具与你的内容结合在一起，创造出令人惊叹的体验。
- **光照和材质**：借助先进且易用的基于物理的渲染（Physically Based Rendering，PBR）系统，使用 Lightmass 或具有逼真的阴影、反射和材质的高性能动态光照，实现惊人逼真的预烘焙（Pre-baked）全局照明效果。
- **Sequencer**：一个创新的摄像机、对象动画和序列化（Sequencing）工具，既有视频编辑程序易学易用的特点，又有交互式游戏引擎的强大功能。
- **FBX 工作流程**：无处不在的 FBX 文件格式，几乎专门用于 UE4 中的 3D 几何和动画数据。
- **蓝图（Blueprint）**：可视化脚本，不需要任何代码，可以直接在编辑器中编译，以获得即时反馈。创建用户交互、角色行为、用户界面，以及可视化的几乎所有其他方面。
- **UMG（Unreal Motion Graphic，虚幻运动图形）**：基于蓝图，开发易用又美观的用户界面，这对于成功的交互式可视化至关重要。

- **虚拟现实（VR）**：曾经只存在于科幻小说的 VR，正在改变各种形式的媒体，包括可视化。UE4 深度集成了 VR，并为交互式 VR 的内容创作设定了标准。
- **平台支持**：一次开发后就可以在 PC、Mac、Linux、iOS、Android、VR 等各种平台上发布你的应用程序，只需对项目进行很少的修改即可。
- **授权和成本**：自由授权条款，免费获得编辑器及支持，精彩的 UE4 社区，以及很低的硬件要求，所有这些意味着几乎任何人都可以开始使用 UE4 进行开发。

1.5 使用虚幻引擎 4 进行交互式可视化开发

UE4 拥有最逼真、最灵活的渲染管线。你一定可以在互联网上看到使用 UE4 创作的各种惊人的游戏、可视化作品和 VR 体验，并且被其显示质量惊掉下巴。

虽然这些视频和图像确实拉高了视觉和艺术的上限，但 UE4 的渲染速度为其创造了最大的优势：交互性。无论是编辑器还是创建的项目，UE4 都能直接根据你或者玩家的输入进行实时渲染。

渲染速度和贯穿于可视化的交互性，是 UE4 交互式可视化与传统渲染可视化之间最重要的两个差异，并且几乎影响使用它的每个方面。

1.5.1 UE4 给可视化带来了什么

尽管 UE4 会带来一些工作量、时间消耗和需要技术知识，有时还有复杂的工作流程，但是交互性的回报是很丰厚的。它改变了你创作可视化的方式，同样也会改变客户对项目的看法，以及客户如何体验他们的构想。对于愿意学习新技巧、改变陈旧的坏习惯，并开始将可视化视为交互式体验的可视化工作室和专业人士来说，创意可以是无极限的。

UE4 已经证明自己是适合各种交互式可视化应用的强大工具：汽车、航空航天、建筑、工程和科学可视化都可以实时地生动呈现。UE4 提供的工具在业界是无可比拟的，使用它开发的应用程序证明了 UE4 作为交互式可视化开发平台的令人难以置信的强大功能。

非线性和实时

UE4 的应用程序是实时运行的。这不仅可以满足交互性，也意味着你构建的世界中的时间与现实中的一样流逝。对于一幅图像，时间是停止的。对于一段视频文件，时间是静态和不可变的。在 UE4 中，时间和空间是可变的，可以根据你的选择移动。整个世界可以在眨眼之间改变，展现出其他方式中无从瞥见的空间和时间关系。

你可以制作一个交互式可视化项目，在每次使用预定义的摄像机路径和预先编写脚本的 Actor 时，以完全相同的方式运行，但是你将视角转变为玩家，只使用交互式可视化的方式给予玩家控制时间和空间的权力，这时才开始见证奇迹。

速度，速度，更快的速度

能够在不到 1 秒的时间内渲染整个场景是一项变革。通过整合输入、物理、声音、用户界面和交互，你几乎可以创造出任何能想象到的世界，以及实现你想要的任何类型的玩家体验。唯一的限制是你的能力和你可用的处理能力。

传统可视化通常依赖于离线渲染创建的预渲染动画：使用光线跟踪软件（如 V-Ray、Mental Ray 或 Maxwell）渲染一系列 2D 位图帧，然后在视频编辑或合成软件（如 After Effects）中进行编辑合成。

这些渲染过程是非常精细的，具有精确的光照和非常逼真的材质来模拟玻璃、大理石、水和树叶，具有接近真实照片的精确度。然后对这些帧一起进行编辑，添加视觉效果、音频和动态图形，将其全部再次渲染到视频或静止的图像文件中。此文件将作为数字文件交付给客户。

虽然每一帧代表一个离散的时间量（通常是每帧 1/30 秒），但 1 帧图像可能需要花费几小时渲染，而一段动画可能需要几天才能完成。完成这些后，通常需要额外的对每帧进行处理和编辑的时间，然后才能生成最终的可交付成果。

虚幻引擎实时渲染每一帧，这意味着在每秒 30 帧的情况下每帧只需要花费 1/30 秒。UE4 不仅在这 1/30 秒内渲染图像，还根据玩家每帧的输入，合成后期效果和音频，并模拟物理和游戏逻辑。

交互式可视化要求帧速至少为每秒 30 帧（fps）。每帧仅有 1/30 秒或者 33.3 毫秒的时间进行渲染。与需要 20 分钟的单个渲染帧相比，速度提高了 36 000 倍！

举例说明，假设你的任务是在高清分辨率（HD）下制作 3 分钟的漫游动画，你有 5400 帧需要渲染。如果每帧 20 分钟（根据许多可视化项目的乐观估计），即需要 108 000 分钟、1800 小时或 75 天。当然，大部分工作室会使用渲染农场（Render Farm），可以利用多台计算机的强大功能将制作动画的时间缩短很多。但即使是一个拥有 25 个节点的大型渲染农场，仍然需要 3 整天才能完成这 3 分钟的渲染任务。

渲染剧照和动画

除了利用速度来实现交互性外，UE4 还可以使用预定义的摄像机路径来渲染剧照和动画。既可以使用在 Sequencer 中设置的摄像机关键帧，也可以使用从你选择的应用程序中导入的摄像机路径。

这些动画几乎是实时渲染的，你可以使用一些渲染技巧来获得远高于交互式场景的质量。也就是说，通过牺牲渲染速度来获得更高的分辨率和质量。你可以用每帧数秒的速度轻松地渲染高分辨率、高帧速的视频。这将非常快速，以至于比起渲染图像，UE4 可能在把帧写入磁盘时花费的时间更多。

所见即所得（What You See Is What You Get，WYSIWYG）

光线跟踪渲染可能需要数小时才能完成，在多数情况下，你使用的编辑器中的实时视口会显示一个简化的预览版的场景，但它并不能准确地反映最终渲染结果。光照是近似的，材质通常根本不显示。视口中很少显示阴影和全局照明。每次对光源或材质所做的更改，为了显示预览都需要几分钟的渲染时间。在较大的场景中，这个工作流程可能很快变得既耗时又乏味。使用 UE4 编辑器，你几乎总能实时获得场景中光照、摄像机位置、后期处理效果及所有其他场景元素的准确预览。场景编辑的视口中运行着与最终项目中一样的游戏引擎。当你进行修改时，你能看到实时的变化。

UE4的所见即所得（WYSIWYG）特性在生产流程中释放了大量的创作自由。现在，导演们和客户们在项目的最初阶段就可以看到与最终结果质量一致的渲染画面。这使得验收和审批更加快速和可靠。只需要决策者进行——对应的实时输入，然后得到所期望的修改的快速反馈和预览，完成查找视图和改善光照及材质只需要几分钟的时间。

互动让UE4的世界充满活力

让观察者进入可视化并使其成为玩家，这重新定义了可视化的内容。对于可以实现的内容，完全没有限制。无论你是坐在剧院的座椅上，或是在高层公寓能看到风景的房间里，只需要按一下按钮，就可以定制你新车的各部分外观，细至皮革纹理，所有这些都以非凡的准确性和真实度进行渲染。

交互式可视化最吸引人的用途之一，是通过时间探索设计方案，或者实时通过上下文改变来比较不同的设计方案。将"观察者"转变为玩家是令人难以置信的权力移交，提供了对复杂数据集进行可视化和交流的新方法。

即使在UE4中，工作和编辑世界也是有趣的、可互动的且视觉上令人愉悦的。你可以在透视视口中以交互式帧速在世界中飞行并观察你制作的材质反射出的光。

若你放置了光源，你会看到高分辨率阴影的预览，呈现出的是你在最终产品中将获得的实际效果。通过蓝图，你可以交互式地修改世界，不需要编写代码和编译，不需要为了尝试新功能而退出编辑器。

摄像机可以实时设置，提供镜头级精度的后期处理效果，如实时渲染的景深和运动模糊效果。对于那些花费了数年努力将这些高级效果融入场景的可视化艺术家来说，看到如此高质量的效果并能够实时调整，这真算是一种解放。

"哇哦"效应

UE4创造的视觉效果让人们张口说出"哇哦"。可视化一直是一个技术驱动的行业。计算、图像、建模和渲染方面的进步会很快被采用。客户们一直在寻找脱颖而出的方法，可视化工作室也是如此。使用游戏引擎进行可视化开发并不新鲜，但是交互式应用程序的能力才是让人们大声惊叹的原因。以我的观点，这还只是冰山一角。人们才刚刚开始考虑他们的设计，以及如何在互动环境中将它们传达给受众。

未来

虚拟现实（Virtual Reality）、增强现实（Augmented Reality）、移动平台，一切你能叫出名的，Epic Games公司、它的合作伙伴们，以及数以万计的UE4开发者们都在努力实现。由于有几乎无限的可扩展性和不断增长的功能集，与之相比，没有任何其他单独的开发或渲染平台能够让你更好地抓住未来。

1.5.2　UE4 开发的注意事项

UE4 是一个梦幻般的开发平台，它提供了几年前无法想象的创意和艺术可能性。虽然从来没有像 UE4 这样的游戏引擎，但它确实仍然是一个电子游戏引擎，由一个电子游戏开发公司开发，并用于开发电子游戏。

要充分利用 UE4 提供的功能来创作最具吸引力的可视化项目，你必须学会以新的方式思考你的故事、内容和开发流程。你还必须学习如何使用 UE4，有时还要了解它的局限，以及如何尽可能完全避免它们。

创作的复杂性

你可能会问："为什么我们没有一直都使用游戏引擎渲染？"原因很简单，因为它可能需要付出更多的努力。创作能够快速渲染的内容，需要进行非常积极的优化、强大的硬件和许多巧妙的开发流程，以确保准确性和真实度。

开发者使用分层细节（LOD）、流送（Streaming）、栅格化、预计算、裁剪和缓存等技术，确保在每帧的运行时间内进行尽可能少的计算。纹理被预处理并存储为硬件加速格式，反射光照在反射探测中预先捕获，使用 Lightmass 计算光照和全局照明（Global Illumination，GI）并将其存储在纹理中。

所有这些都需要时间、精力和计划才能确保其正常运行。虽然传统渲染也需要进行大部分相同的优化，但是并没有在几十毫秒内完成渲染的压力，渲染时间可以通过额外的硬件或精心设计的时间分配来补偿，所以可以有充足的渲染时间。对于离线渲染，即使每帧渲染时间是 5 分钟，已经相当不错了。但是在交互式可视化项目中占用超过 1/15 秒，就会给玩家带来不平滑、不连贯的体验。

没有错误的余地

每帧渲染只有 0.033 秒（33.3 毫秒或 1/30 秒）的时间，错误或者低效率都是无法接受的。在渲染一个对象时减少 0.001 秒时间，看似付出太多却收获甚少，但是即使你的场景中只有 30 个对象（比如树木、花朵、汽车、建筑物或人物），你就已经节省了 0.03 秒（3 毫秒）或每秒 2.5 帧。所以，留给错误的余地很小，低效率的叠加是非常迅速的。

而当说起 VR 时，那将是关于两个最低 90 fps 的视图。也就是说，只有 11 毫秒渲染整个场景——两次。

需要其他应用程序

UE4 提供了一套惊人的工具，你可以利用这套工具把你的内容制作成神奇的作品。而它做得不好的地方在创作需要显示的内容方面。虽然 UE4 提供了许多尖端的工具，但是几乎都需要在其他应用程序中创作内容才能获得最佳结果。

这个"劣势"在设计上有一个主要优势。这就是你可以在每天使用的程序中进行几乎所有的内容创作，并按照你习惯的流程开发。如果你的应用程序支持 FBX 工作流程，或者可以从具有此功能的应用程序导入，你就可以将你的内容导入 UE4。

这是软件开发

交互式可视化项目是软件应用程序，它们有逻辑和用户界面，并且实时运行。这意味着它们也可能存在错误、需要新功能，并且在项目交付日期之后仍然需要长期支持和维护。

即使是最有组织的工作室也会发现，UE4 的交互式可视化开发结构、时间和管理经常与离线渲染管线不匹配。游戏测试、编程和错误追踪，是为了确保项目成功交付所必须融入的新的工作流程。

如果你的应用程序是提供给公众使用的，那么对于应用程序的完整测试和修正将消耗比最初预计更长的时间。为此需要做好相应的准备，包括项目的预算和进度安排。

玩家可以随处查看

当你创建一个静态可视化项目或者动画时，你的优势是可以准确了解每个时刻观察者将看到的内容。除了不可避免地在最后 1 分钟更改摄像机路径，你可以选择要集中精力的内容，忽略看不到的部分。不需要渲染的东西根本就不需要存在其中。

在交互式的 3D 视口中，玩家可以在任意时间看向任意方向。他们可以尽可能地接近几乎每个角落和每样设施。每个错误都会（而且一定会）被发现。准确性、精确度和对细节的关注至关重要。

在虚拟现实中，当用户使用位置跟踪时，这更加明显。这意味着他们甚至可以经常进入墙体或者其他对象中，观察外面的世界，揭开藏在窗帘后面的秘密。

1.5.3 识别适合的 UE4 项目

一些常见的项目需求可以帮助你确认，什么时候项目可以从 UE4 中获益，或者会发现一些危险的信号。

为了从 UE4 中获益，该项目必须充分利用 UE4 的优势之一，以平衡开发交互式可视化与传统渲染可视化相比所需的额外工作。

交互式可视化的交互性、速度、可编程能力和非线性实时性使其具有无限的可能性。但是有时候 UE4 对于项目并不适合，甚至是有害的。在踏上这条道路之前，必须有充足的理由确信使用 UE4 是必要的。

方案比较

目前，开发交互式可视化项目最常见和最有说服力的理由，是需要在 3D 空间和时间上比较不同的数据集或设计选择。

在传统的可视化和线性媒体方式中，比较不同的方案一直是一项具有挑战性的任务。即使简单的 A/B 比较，也会使传统可视化的渲染时间翻倍。只添加几个选项就可能快速增加到数十或数百种变化和排列。UE4 提供的交互式可视化非线性特性和强大的用户界面（UI），使用户能够以个人的和有意义的方式考查数据。

让用户能够任意切换选择方案、设置变量并根据他们的确切需求来控制视图是非常有用的。而且这是实时的，不需要等待渲染帧，也不需要更新 PowerPoint 幻灯片演示，数据的更改能够立即得到整合。

改变数据集

具有不断变化的数据集的项目，或是在最后时刻可能需要更改的项目，也是使用 UE4 的理想选择。因为几乎省去了渲染时间，更改可以立即查看。

这类项目的一个很好的例子是选择设计方案。它们需要设计师、建筑师和工程师工作到最后一刻。项目细节通常在截止日期前几天还会更改，也可能在演示前几天或几小时才想出关键问题的解决方案。对于传统动画，这些更改可能造成巨大的困难，因为渲染时间通常会阻碍可视化展现最后的设计方案，甚至更糟的情况是会无法满足项目的需求。这可能会严重降低可视化的价值，有时甚至会成为一种负担。一个团队必须有能力利用最后的时间制作出漂亮的可视化效果，UE4 的速度可以为你的团队提供这种能力。

1.6　虚幻引擎 4 的开发需求

使用 UE4 进行开发需要合适的硬件、软件，当然还有合适的人员。对于大多数可视化艺术家和工作室，最大的挑战无疑是获得开发交互式可视化所需的新技能。硬件和软件可以轻松购买和升级，获得新的技能和人员却费时费力。

作为一名经验丰富的可视化开发者，你已经是熟练的技术人员，掌握了视觉叙事、光线和色彩、动画，能够激发情感和大脑的反应，使可视化成为一种强大的沟通工具。你可能不是熟练的程序员、音频工程师或用户界面设计师，你的工作流程几乎肯定不是基于跟踪和更新数以百计的内容和源代码的。

在我看来，对于想要超越静态可视化创作的工作室来说，找到热衷于创造互动体验的人员至关重要。这样的人可能已经存在于你的团队中，并且正嚷嚷着要使用 UE4 或其他游戏引擎来制作他或她的艺术作品。数以百计甚至数以千计的专家和学生也同样拥抱 UE4，活跃在社区中，正渴望加入任何同样充满渴望的团队。

至于硬件和软件，UE4 开发需要相当强大的计算机和大容量的硬盘空间。最重要的部件是强大的"专用"GPU 或显卡。工作站和笔记本电脑通常没有专用的 GPU，而是依赖于主板或 CPU 中的"集成"图形芯片。不建议也不支持使用集成 GPU。

为了开发，建议你采用比原先选定的功能更强大的 GPU。这使你能够忍受编辑器的开销，以及使用 UE4 开发时同时运行的其他程序。但是我必须提醒一下，使用最高端的 GPU 有可能使你对你的应用程序的性能产生不准确的判断，很难判断它在目标平台上实际运行时的性能。

UE4 开发的软件要求主要取决于你的具体需求，你可能已经拥有了开始所需的一切，几乎不需要或者仅需要很少的投入。UE4 编辑器可以在 Windows、MacOS 和 Linux 系统上运行。你可以使用商业应用程序（如 Photoshop、Maya 和 3ds Max 等），或者使用免费的替代品（如 GIMP 和 Blender 等），来制作内容供 UE4 使用。UE4 使用行业标准文件格式来交换数据（FBX、TARGA、EXR 等），你无须调整工具和工作流程以适应 UE4。

1.7　虚幻引擎 4 中的团队合作

UE4 中团队的协同工作方式与大多数可视化团队习惯的工作流程类型不同。与可视化中通常使用的制作软件制作动画和视频的环境不同，虚幻引擎更接近于电子游戏开发所使用的软件开发类型的制作环境。

1.7.1　源代码管理概述

对于大部分可视化艺术家们过去使用的典型的文件服务器托管的项目开发流程（所有项目文件都存储在服务器上并提供即时访问），完全不推荐在 UE4 项目中使用。

让几个人在 UE4 项目中的同一个文件上工作，很快会带来冲突和错误，并且可以非常快速地毁掉一个项目。任何曾经在一个团队中工作的人都有过两个人同时处理同一个文件的经历。在大多数情况下，其中一个人的工作将遭到破坏。在 UE4 中，冲突不仅意味着工作成果丢失，还可能导致引用错误，导致项目完全无法运行。

要避免这些冲突并提供备份和数据安全性，应该始终使用**源代码管理**或文件版本控制系统。

尽管有许多"品牌"的版本控制软件（Perforce、SVN、Git 等）可以使用，但其实它们都有共同的工作流程。用户从远端服务器更新或者下载项目的最新版本到本地机器，然后当他们对文件进行更改时，将文件"签出"（checked-out）。这告诉其他用户这些文件已被修改且隔离了。在用户完成更改后，他可以"签入"（check-in）或"提交"（submit）他的文件到服务器。现在，其他用户可以"更新"（update）他们的文件副本到他们的工作机器上。

要注意的是，文件传输不会像在 Dropbox 这样的系统中一样自动发生，而都是由用户发起的。这样确保不会发生意外。例如，当某人正在工作时，不会有文件意外更新；或者当不需要保存文件时，文件也不会被意外更新。

大部分版本控制系统还要求每次文件修改时都有注释说明。这样，每个人都可以通过浏览版本日志，轻松地查看谁做了哪些工作及添加了哪些新功能。

1.7.2　UE4 内置的版本控制支持

UE4 支持几个最常见和最合适的文件版本控制平台，它们被内置于编辑器中。如果你在 UE4 中启用了版本控制支持，编辑器将自动执行许多最常见的任务，例如签出、重命名和其他文件管理任务。

在你完成更改后，你仍然必须手动地将工作提交到服务器，但是即使是这个过程也被集成到了编辑器中。

这样的内置功能使得使用版本控制成了 UE4 开发的一部分。编辑器完成了大部分艰苦工作，这可以让用户摆脱版本控制的复杂性，确保团队中的每个人都使用文件版本控制。

我强烈建议希望开发 UE4 应用程序的团队尽快了解版本控制系统。独立开发者也可以将所有项目托管在外部服务器上，并从其安全性和便利性中获益。

由于可用的版本控制系统数量众多，而且学习任何新系统都非常复杂，所以解释版本控制系统的每一步操作超出了本书的范围。但是，一些出色的官方和社区资源可以帮助你设置自己的版本控制服务器，并在几小时内就开始在团队环境中使用 UE4。请访问本书的配套网站，获取有关 UE4 内置文件版本控制的最新列表和信息。

1.8　虚幻引擎 4 开发的成本

对于大多数可视化艺术家和工作室而言，UE4 开始时只需要很少的额外的软件和硬件成本。编辑器是免费下载的，需要的其他工具都是行业标准的工具。大部分你用来创造传统可视化的工具、硬件和软件都可以很好地为 UE4 创建内容。当然，你可以期望在某些领域花更多的时间和金钱。

1.8.1　硬件

运行 UE4 需要的第一件事是一个好的显卡——越快越好。好消息是 UE4 在游戏级显卡上运行最佳。虽然专业显卡（如 Quadro 和 Fire GL）可以提供一些可靠性优势，但高端游戏级显卡的成本通常要低得多，而且性能要高得多。

你还需要大量快速的本地存储。虽然你可能已经把大量内容和项目存储在共享服务器上，但是 UE4 的目标是运行在用户的本地机器上。

UE4 项目的大小增长得非常迅速，一些项目超过了 50GB。较小的项目也会占用大量的磁盘空间。

1.8.2　开发时间

虽然你的大部分工作流程将保持不变：准备客户数据、组织场景、构建和应用材质和光照、制作摄像机路径和视图等。但是只要你添加交互性，它就是一场新的球赛。

关于编程这项需求，大部分传统可视化通常并不具备，并且大多数工作室和个人没有太多经验。即使是最简单的交互式可视化项目也需要编写一定的脚本、逻辑和用户界面。必须读取玩家输入，并且必须为交互进行编程。编写程序和脚本将很快会在大部分开发项目中占据预算的重要组成部分。

开发成本可能会快速、加倍地增长。随着增加或者开发新的功能，交互式可视化的复杂性似乎将发生指数级的增长。在交互式可视化的开发过程中，会出现那么一点潘多拉盒子效应。一个功能不可避免地会影响另一个，这增加了彼此的预计开发时间。确定功能何时会相互影响并相应地增加预算非常重要，这在开始确定项目范围时必须予以认真考虑。

1.8.3 测试和 QA

除了逻辑和编程的开销，还有经常被忽略或低估的成本：测试和 QA（Quality Assurance，质量保证）。当你的可视化应用程序变得更加复杂，同时/或者当需要向公众发布时，查找、追踪和修复错误可能会成为开发周期中超出预期的耗时部分。

请注意这些成本并且在制作 UE4 项目的预算时不要低估了它们。你必须为交互式可视化的软件开发部分提供充足的时间。这些成本至少要与生成 3D 模型和场景的成本一样多，特别是在你处于起步阶段且还需要发展技能时。

1.9 节省虚幻引擎 4 的成本

使用 UE4 开发似乎是一个比较昂贵的方案，特别是可能还需要考虑你和你的团队学习和适应新的工作方式的时间。但是，仅仅是 UE4 的开发流程和技术就可以节省一些可观的成本。

摆脱了基于高性能 CPU 的渲染及帧渲染产生的巨量的数据集后，对专用渲染农场或云渲染农场的需求会被消除或大幅减少。单个工作站就可以取代几万美元甚至几十万美元的渲染硬件、软件许可费、维护、维修或托管成本。如果你已经构建了渲染农场，则可以利用它来加速 Lightmass 渲染，使用 Swarm Agent 和 Coordinator 来分配渲染工作负载，就像你可能熟悉的其他分布式渲染工具一样。

如果你不使用 UE4 生成渲染，你仍然可以看到在存储上节省了大量空间。当渲染交互式应用程序时，每一帧都会替换掉前一帧，而不是存储在磁盘上。

UE4 根本不需要光线跟踪渲染所需的大规模渲染设施。通过在 UE4 中进行开发，没有了渲染农场、大型存储解决方案或超高速网络的需求，你能以更少的资金投入实现更多的目标。使用 UE4 进行开发的很多方面都需要权衡，UE4 的开发成本也不例外。你面临的情况是，需要更多的制作时间和精力投入，但是会获得实时渲染和随之而来的所有优势。

随着你和你的团队对工具的熟悉程度越来越高，并开始构建自己的强大工作流程，以适应你的专业可视化生产线、数据源、客户要求及期望，成本可能会大大降低。但是，请注意：与所有可视化项目一样，你的每个 UE4 项目都会带来出人意料的新挑战。这并不是工具的失败，这是因为 UE4 是如此庞大、强劲和可扩展，对你可以用它实现什么几乎没有限制。你和你的客户的想象力可以完全释放，你们可以相互推动以成就非凡的事业，只要预算允许。

1.10 资源和培训

专业级软件和所有其他软件之间的两个最大的差异是文档和支持。如果没有全面且定期更新的文档，也不能访问支持系统，任何软件应用都会是很困难使用或者完全无法使用的。培训团队，及时找到解决问题的方法并追踪问题，为你正在使用的工具开发提供帮助，这些能力对于一个平滑可预期的开发周期至关重要。

UE4 是我用过的文档管理最好的应用程序之一。官方文档非常完备，而且编写良好，尽管其会定期进行大量更新，但文档总能保持最新。新功能可以通过详细的文档和示例项目进行了解，而且每周都会举办几次专题直播培训课程，工具的实际开发人员会进行演示。在这些直播流媒体中，观众可以直接向开发人员提问，得到即时的一对一培训，也可以提供关于引擎的相关反馈给开发者。

尽管 Epic Games 公司付出了巨大的努力来制作世界级的文档和培训材料（包括本书在内），但是开发者们正在开发的每个项目都是如此独特，以至于如果没有数百人努力制作文档，是无法覆盖每个用例的。这就是目前的情况。

1.10.1　社区支持

从一开始，Epic Games 公司就与开发社区进行了联系，以寻求对 UE4 的帮助，开发社区给予了巨大的回应。社区成员立即开始制作出色的培训和演示材料，以帮助新的开发者尽快开展工作。Epic Games 公司意识到了这些成就，立即通过市场为 UE4 开发社区提供了大量支持，"虚幻开发者资助计划"（Unreal Dev Grant program）为社区开发者提供资金扶持，还为全球的用户群体提供直接支持，以及更多其他的帮助。

Epic Games 公司向全世界免费发布其最有价值的资产，从而承担了巨大的风险。我相信 UE4 取得如此成功的关键原因之一，是因为它不仅仅接受和培育了开发社区，而且还成了开发社区的一员。

1.10.2　商城

虚幻引擎商城（Unreal Engine Marketplace）是 Epic 以开发社区为中心的商业模式的扩展。虚幻引擎商城允许开发者直接向其他开发者销售内容。每个能想到的类别都有数以百计的资源。3D 模型、材质、完整的游戏源文件、动画、音乐、音效及粒子系统等资源，每个工作室在商城中只需购买一次，该工作室或者个人就可以开始在任何 UE4 项目中使用它们。

当然，这些资源的质量和技术支持水平有很大差异，因为它们不是 Epic Games 公司创造的。不过，Epic Games 公司拥有严格的质量控制标准和社区审查系统，以确保所有可用的资源都具有良好的质量。

商城中的资源不仅可以使你的项目节省数百小时的开发时间，还可以成为优秀的学习资源。你可以拆解从商城购买的每个资源并深入学习，以了解它的工作原理。在你学到更多知识之后，你可以修改这些资源以满足自己的需求，或者把它们的功能融入你自己的技术中。

1.10.3　社区活动和会议

游戏开发社区成员们经常会聚在一起闲聊，打探各自的新游戏，并且互相学习。游戏开发聚会和会议在美国、欧洲和亚洲的几乎每个主要城市都会举办。游戏开发是一个庞大的产业。仅在美国，玩家在电子游戏上 1 年就花费了 253 亿美元。你上网搜索一下就可以了解你周围的情况。虽然大多数活动不是针对 UE4 的，但是肯定会有一些 UE4 开发者参加，甚至一些交互式可视化开发人员也会出席。这样的事情不足为奇。

Epic Games 公司直接支持的官方用户群很少，但数量正在增长。如果你足够幸运能够访问这些群组，它们是用于连接、学习和直接参与 UE4 开发社区的强大资源。成千上万的 UE4 开发者也会使用工具找到他们附近志同道合的开发者进行非正式的会面。

美国最大的游戏开发聚会是游戏开发者大会（GDC）。这个在旧金山举办的每年为期 1 周的聚会，让各种背景的开发者聚在一起学习、交流和交换想法。整个城市白天都排满了来自专业和独立游戏开发者的会谈、培训和圆桌会议，晚上则有很多聚会和活动。GDC 还提供了大规模的展示舞台，厂商和开发者们在此展示从最新的智能控制软件到最新的游戏引擎或输入设备的所有内容。招聘会则吸引了数以百计的艺术家、程序员和设计师，他们正在热切地寻找他们在互动娱乐行业的第一个好机会。如果条件允许，我强烈建议每个认真的交互式可视化开发者都参加这个大会。虽然不是专门针对可视化行业的，但它从来就不是一个需要代表资格才能参加的会议。

无论你生活在哪里，我都希望你能够参加一个交互式应用程序和游戏开发者的社区聚会，最好是以 UE4 为中心的群体。人们都非常热情，活动也通常是令人愉快的。

1.11 总结

开始使用交互式可视化开发和 UE4 是一项具有极高回报率的工作。可以创造性地为你、你的团队和你的客户提供支持，并为你的受众提供新的方式，了解和体验你作为设计可视化专业人员所讲述的故事。

你现在应该能更好地了解 UE4 是什么，它为可视化提供了什么，以及 UE4 与你以前使用的可视化开发方式的差异。你还应该知道哪些项目适合成为你的第一个 UE4 项目，并了解到可能面临的一些挑战，以及如何尽量避免它们。

第2章

使用虚幻引擎4

在UE4中开发交互式可视化既是视觉交流的艺术,也是软件开发的艺术。你多年来所依赖的工作流程和工具可能不起作用,甚至可能使事情变得更加困难。UE4期望你以特定方式行事,以便它可以尽快呈现你的内容。如果你知道会发生什么(以及UE4对你和你的内容的要求),你可以充分利用UE4的功能,开发出动态的、引人入胜的可视化效果,从而引起观众的共鸣。

2.1   虚幻引擎 4 的组件

UE4 不是单一的应用程序，而是一组工具、应用程序和数据文件的集合，它们在各种不同的平台上协同工作以帮助管理、开发和部署实时应用程序。UE4 开发环境组织良好且保持一致，还包含了学习和参考资源。其编辑器是一个很好的软件，构建它的理念是使交互式内容的开发与在项目和游戏中使用它一样有趣和吸引人。

理解引擎的组件及它们如何协同工作，可以让你更好地了解 UE4 如何在"幕后"工作。这应该还能让你对在日常工作中使用 UE4 有更好的认识。

2.1.1   Epic Games 启动器

如果你使用的是 Mac 或 Windows PC，当你首次从虚幻引擎官网安装 UE4 时，会安装 **Epic Games 启动器**（参见图 2.1）。这个轻量级应用程序将为你的所有 UE4 需求提供一站式服务。它提供了对大量的各种信息、内容、示例项目等的访问。

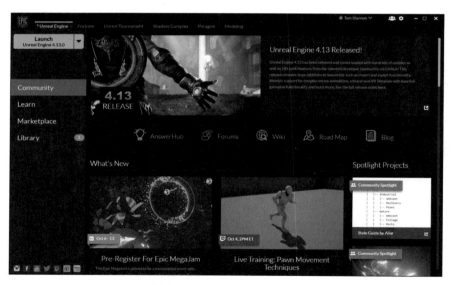

图 2.1   Epic Games 启动器

Community

Community（社区）部分包含来自 UE4 开发社区的最新新闻和焦点。

这里是查看用 UE4 制作的新东西的绝佳场所，而且也是你让自己的项目获得关注的极好地点。Epic Games 公司渴望帮助其开发者取得成功，并且在启动器（Launcher）中通过 Epic 的社交媒体网络推广内容，这是公司帮助开发者的最重要的方式之一。

这里还有论坛、在线文档及其他社区和官方资源（如引擎路线图和 AnswerHub）的链接。

Learn

Learn（学习）部分完全是培训资源、示例项目和内容的宝库。这里的每个项目都与引擎中包含的其他内容，遵从同样的自由条款。你可以在任何个人和商业项目中免费使用这些内容。

这部分包含教程、维基百科、视频和可下载的内容，如特效、材质、纹理等。我鼓励你去下载和探索这些内容。在了解引擎作者如何用它来将自己的愿景变为现实的过程中，你将获益匪浅。

Marketplace

Marketplace（商城）是开发者和艺术家可以购买和销售几乎任何类型的内容（3D 模型、动画、特效等）和插件以扩展 UE4 功能的地方。

成千上万的 UE4 开发者正在制作免费和付费内容，几乎可以在 Marketplace 中看到各种类型的内容。更多的内容可以在第三方网站上获得，例如 Gumroad 官网或开发者自己的网站。

在使用 UE4 开发之前，先在网上搜索一下，你很有可能找到"现成的"可供使用的东西。

Library

Library（库）选项卡是你管理、安装、卸载和更新各种引擎版本的地方。你还可以在 Library 中查看和管理 UE4 项目，并管理你的 Marketplace 内容。

> **说明**
>
> 启动器实际上是一个 UE4 应用程序！你可以发现它与其他的 UE4 内容安装在同一个应用程序文件夹中。

其他的 Epic 和 UE4 内容

列在启动器顶部的是其他 Epic Games 公司的项目和一些特别的 UE4 项目。其中一些是商业游戏，如《虚幻争霸》（*Paragon*）和《堡垒之夜》（*Fortnite*），其他是一些具有 UE4 商城支持的可修改组件的 UE4 游戏。

Epic Games 公司正在开发新版的《虚幻竞技场》（*Unreal Tournament*），并将在开发完成后完全开放代码。从代码到艺术层面，社区都会积极地提供帮助。如果你想要了解专业电子游戏开发公司如何制作庞大的 3A 级游戏，你可以观看或者甚至直接参与项目。

2.1.2 UE4 引擎

引擎位于 Applications 文件夹中（macOS 系统），是运行 UE4 应用程序所需的代码和资源的集合。引擎是构建启动器和编辑器的基础代码，包含构建和运行使用编辑器开发的应用程序所需的所有渲染、物理、UI 及其他代码和工具。

引擎版本

UE4 会进行定期更新，包括主版本的功能更新和子版本的错误修复更新。UE4 使用十进制数编号的方式来描述每个版本。每次主要版本更新表现在第 1 个十进制数编号上。例如，虚幻引擎"4.13"代表了对"4.12"的一个主版本更新。这些版本通常包含新功能、升级的核心组件及其他的重要更改。

热修复（Hot-fix）和错误修复版本表现在第 2 个十进制数编号上，比如，虚幻引擎"4.13.1"包含了对"4.13"发布版本的错误修复和其他的细微改动。

> **说明**
>
> 启动器允许同时安装 UE4 的多个主要版本，但是每个版本只有一个实例。这意味着你可以同时安装"4.10.3"和"4.11.2"版本，但是不能同时安装"4.10.3"和"4.10.2"版本[1]。

升级项目

支持将 UE4 项目升级到较新版本的引擎，但不支持降级。新版本编辑器保存的文件无法在旧版本中打开。通常应该在最新版本的引擎中启动新项目，并且仅在必要时进行升级。记住，不到迫不得已，不要为之。

将项目和内容从一个引擎版本升级到下一个引擎版本，通常是一个平稳的过程，但可能会产生许多意外的问题。例如，第三方插件通常需要一段时间才能更新到最新版本的引擎。

Epic Games 公司在版本说明（Release Note）中提供了明确的指导，描述了可能影响项目升级的变更项。对于升级现有项目需要始终保持谨慎，通常仅在项目可以从引擎更新带来的功能和错误修复中获得实质性的好处时才执行此项操作。

2.1.3　UE4 编辑器

UE4 编辑器（UE4 Editor）是 UE4 项目创建、测试、打包和编程的主要界面。编辑器集合了用于导入、组织、优化、编程和创建引人注目的交互式内容的工具和界面。

它提供了用于创建粒子系统、强大的人工智能系统、先进的车辆模拟、网络、多人游戏、虚拟现实、逼真的光照和材质、用户界面和动画序列的工具。它通过可视化脚本提供了几乎无限的功能，信不信由你，它还能提供的多得多。UE4 编辑器是一个庞大的专业级开发平台。

> **说明**
>
> 与启动器一样，UE4 编辑器是一个使用 UE4 构建的应用程序，可作为创建其他 UE4 应用程序的图形界面！

1　这仅适用于启动器管理的引擎安装。Linux 上的用户及需要引擎修改的项目，可能需要构建（build）特定的引擎，通常使用源代码编译并在启动器外部进行管理。这些引擎版本的数量、位置或版本号没有限制。

还可以通过编辑器轻松访问大量配置设定、世界构建工具，还有部署、调试和性能分析工具，这些工具可以帮助你诊断性能问题，从而使你的可视化效果尽可能好。

2.1.4　UE4 项目

多数用于传统可视化的应用程序使用单个文件来描述整个场景。该文件通常会随着场景的变大而变大。一个 Photoshop 文件会在增加图层时增大，一个 Max 文件会在增加几何体时增大。这样的单个文件可以从一个驱动器复制到另一个驱动器，可以包含渲染场景所需的所有内容。[1]

UE4 使用的不是单个文件，UE4 中的每个**项目**都是源代码文件、内容资源文件、插件、配置文件和其他支持文件的集合，它们都存储在一个目录中。项目是该目录及其包含的文件，而不是任何一个单独文件（参见图 2.2）。

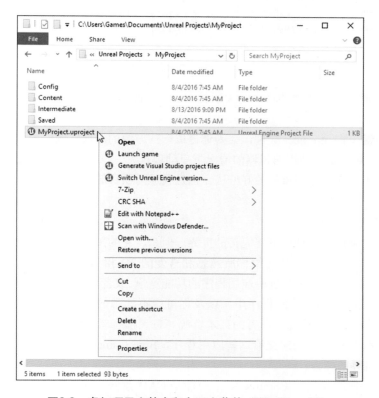

图2.2　虚幻项目文件夹和上下文菜单（Windows 10）

1　当然，Photoshop 和 3ds Max 都允许链接到外部文件（如纹理），但不强制使用该结构。你可以将纹理存储在独立的驱动器或数千公里之外的网络节点上。

　　在项目目录的根目录中有一个 **.uproject** 文件，它用于将项目与特定的 UE4 版本和安装的插件相关联。这个文件不会经常增大，甚至保存或修改。它实际上只是一个文本文件，你可以使用文本编辑器打开和阅读。

　　以下展示了一个典型的 .uproject 文件的内容：

```
{
    "FileVersion": 3,
    "EngineAssociation": "4.13",
    "Category": "",
    "Description": "",
    "Plugins": [
        {
            "Name": "Substance",
            "Enabled": true,
            "MarketplaceURL": "com.epicgames.launcher://ue/
marketplace/content/2f6439c2f9584f49809d9b13b16c2ba4"
        }
    ]
}
```

　　在文件浏览器中双击此文件将启动关联的 UE4 编辑器版本（如果已安装）或提示与新的引擎版本关联。

　　使用鼠标右键单击 .uproject 文件，会为你提供一些方便的选项，例如通过从上下文菜单中选择 Launch Game，可以在不使用编辑器的情况下启动项目。

　　这是在日常工作中绕过编辑器的好方法，也是我运行项目的首选方式。

2.1.5　源艺术

　　神奇的虚幻引擎能够帮助你创建完美的世界。但是，它的关注点不是帮助你创建填充这些世界的大部分内容。你可以把这些交给你所熟悉和喜爱的 3D 和 2D 应用程序（如 Photoshop、3ds Max 和 Maya）。UE4 没有理由与这些应用程序的功能竞争，或者要求你学习一种全新的工作方式。

　　你仍将在已经熟悉和喜爱的程序中，以及你可能不熟悉的其他程序（如 Substance Painter、ZBrush 和 Blender）中，创建几乎所有的艺术资源。每天都有新的工具被开发出来，这是一个发展迅速的生态系统。把内容创建交给这些应用程序，Epic Games 公司可以专注于开发 UE4 创建引人注目的交互世界的能力。

　　在可视化中，你的源艺术（Source Art）可能是 CAD 数据、科学数据或 GIS 信息。无论源应用程序或格式如何，你都可以将其作为源艺术的一部分。

　　你完全可以在 UE4 项目文件夹之外创建、存储、访问和修改源艺术文件。保留现有可行的工作流程并对其进行适当修改，以符合 UE4 的习惯和要求。UE4 无须知道数据来自哪里，只需要其被导出或保存为 UE4 可以导入的格式。

2.2 项目文件夹结构

UE4项目文件夹结构需要严格限制。项目不能加载或者引用项目文件夹之外的任何文件。正因为如此，UE4项目方便移动而且是独立的。项目可以在工作站之间轻松且可靠地复制和同步。

在每个项目文件夹中都有几个文件夹。了解这些文件夹每个是什么，以及对此你应该做什么和不应该做什么都很重要。

2.2.1 Config

Config 文件夹中扩展名为 **.ini** 的文本文件中包含了每个项目的设置。引擎中每个功能的设置都可以在这些文件中看到。有数千个独立的设置项存在，你可以保留其中大部分默认值。[1]

几乎所有最重要配置的设置项都显示在编辑器的 Preference（首选项）面板中（参见图2.3的项目设置对话框）。你可以使用方便的用户界面直接修改设置，其中包含了有用的上下文工具提示，用于描述每个设置项的功能和常用用例。对应的 .ini 文件会即时更新，只有少数设置项需要重新启动编辑器才能生效。当更改了需要重新启动编辑器的设置项时，编辑器会通知你。

在与其他人复制、共享或同步项目时，应该始终包含 Config 文件夹。如果项目副本之间包含不同的配置文件，可能会导致一连串难以诊断的问题。

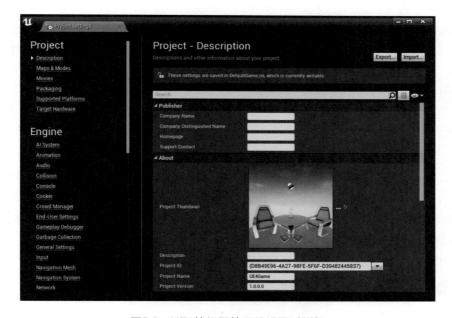

图2.3　UE4编辑器的项目设置对话框

1　你可以使用一些高级设置项以牺牲渲染速度为代价换取质量，但必须谨慎使用它们。在项目和编辑器的设置中没有显示这些高级选项是有原因的。我将在本书后面介绍最重要的调整和设置，请继续关注。

2.2.2　Saved

Saved 文件夹是项目运行时即时生成的临时文件夹。游戏"保存"的屏幕截图、日志和其他文件出现在这里。这个文件夹还包含了自动备份文件。

这个文件夹可能会变得非常大，这是避免把项目放在网络或共享文件夹中的主要原因之一。同样，如果你正在复制项目或使用源代码管理（你应该使用了源代码管理吧？），应该排除此文件夹以节省时间和空间，并避免配置冲突。

2.2.3　Plugins（可选项）

许多插件可用于 UE4，有些插件是基于内容的，只需要将一个文件夹放入项目的 Content 文件夹中，而另一些插件必须放在 **Plugins** 文件夹中，而且可能从 Source 文件夹中编译得到。

这些插件最终会出现在 Plugins 文件夹中。这里安装了从 C++ 生成或是下载的平台相关的链接文件（PC 上的 .dll 和 Linux 上的 .so 等文件）。这些文件由编辑器和游戏读取，并且能以你可以想像的几乎任何方式修改它们，例如，添加额外的文件导入支持或者新的渲染功能。

团队中的每个人都应该拥有此文件夹的全部内容。

2.2.4　Content

Content 文件夹存储了用于构建游戏的所有资源。通常只有两种类型的文件存储在 Content 文件夹中：**.uasset** 和 **.umap** 文件。这些文件是通用封装，代表了项目中的所有资源和关卡。

> **说明**
> 不要在 UE4 编辑器之外修改 Content 文件夹。请在 UE4 编辑器中完成所有文件管理任务。移动、重命名、删除或者修改 .uasset 和 .umap 文件将导致空引用。那样很糟糕，非常糟糕！

看到文件夹中所有的文件有相同的扩展名，并将其视为纹理、材质、动画、3D 模型、蓝图（Blueprint）、声音等，这有点违反常理。我们经常在与计算机的日常交互中使用文件扩展名来区分文件类型和功能。UE4 实时判别使用的每个 .uasset 文件中的数据是什么，它们在编辑器中如何显示，以及在游戏中如何使用。

不言而喻，此文件夹对项目至关重要，在共享项目时应始终包含该文件夹。

2.2.5　Intermediate

Intermediate 文件夹与 Saved 文件夹类似，是引擎在运行时动态生成的。它包含编译和运行游戏所需的文件，或者加速编辑器的日常操作，例如着色器和几何体的缓存。

与 Saved 文件夹一样，在复制项目或进行项目版本控制时，不应该包含或共享此文件夹。

2.3 认识 .uasset 文件

UE4 需要几乎所有内容——模型、纹理、音频和动画——导入引擎，并将其以 .uasset 文件存储在项目的 Content 文件夹中。每个 .uasset 文件也被称为**内容包**（Content Package）。每个包中都包含导入的源文件及许多其他的特定资源信息。引擎会动态地将这些 .uasset 文件转换为运行和部署平台需要的正确格式。

这意味着单独一个 .uasset 文件就可以作为内容部署在 Mac、PC、移动平台、VR 或任何其他 UE4 支持的平台上，而不需要任何对于 .uasset 文件的改动，也不需要访问源文件。引擎会在后台为你将其转换为适当的格式。你甚至可以在编辑器中从 .uasset 文件中导出源文件（图像、模型等）进行修改，然后将修改后的文件重新导入项目中。

UE4 引擎和编辑器仅在内容浏览器（Content Browser）中读取和显示 .uasset 文件。

2.4 虚幻引擎 4 内容通道

UE4 具有优美且易学的工作流程，几乎适用于引擎的每个方面和每个功能。虽然某些工作流程可能非常严格或耗费人力，但是它们是一致的。如果你遵循规则并按 UE4 方式执行操作，UE4 将回报你高帧速、可靠的可交付成果和惊人的可视化效果。

典型的 UE4 项目有一个可以预见的工作流程。几乎每个项目都要求你完成几项任务，然后交付给客户。

2.4.1 建立一个新项目

UE4 提供了几种方法来建立一个新项目。你可以通过从启动器中的 Library 部分直接启动引擎来创建一个新项目。你也可以通过 UE4 编辑器中的 File 菜单创建一个新项目。

> **说明**
>
> 对于个人或合作开发，我不建议使用网络驱动器来存放你的项目。UE4 不是为这种方式设计的，而且这样做不会带来任何好处。请使用**版本控制软件**来支持多个开发者在同一个项目中工作。

你的项目应该在一个快速的本地驱动器上存储和工作。使用一个即使最大的关卡或资源也能在几秒内完成读 / 写的硬盘驱动器，这样可以减少导入和处理资源所花费的时间，极大地加快工作流程。

选择一个简单的路径存放你的 UE4 项目，尽量靠近驱动器根目录，以缩短文件夹路径的长度。我通常把所有项目存放在 E:/UE4/ProjectName 中。长路径名会在你打包项目时带来麻烦。

2.4.2　构建内容

在进行大量可视化工作之前，你需要先构建（build）内容。你已经是这方面的专家了。你原有的工作流程和系统通常只需稍作修改就可以继续为你所用。假设你在制作 3D 几何体，你很可能可以把它放入 UE4。

2.4.3　导出内容

你必须将要进入 UE4 的几乎所有内容导出为 UE4 能够理解的格式。UE4 可以导入数量不断增加的行业标准文件格式，如 FBX、TGS、PNG、PSD 等。但是，UE4 不支持导入应用程序特有的二进制文件，例如 3ds Max 文件。

这些文件中的多数是临时的中间文件，并且仅用于各种内容创建工具和 UE4 之间的交换。你应该维护特定应用程序的源文件，并且能够根据需要重新导出。

2.4.4　导入内容到 UE4

在创建和导出内容之后，可以将其导入 UE4。在这个过程中，你导入的每个资源都会创建一个 .uasset 内容包。这个 .uasset 内容包通常包含了导入数据的一个副本，以及大量特定资源的元数据（Metadata）和其他信息。

你可以使用脚本和工具自动执行大部分工作流程，以生成导出文件。有批量导入的支持，导入工作通常会很轻松。

2.4.5　使用内容填充关卡

在导入操作完成后，你的内容将在**内容浏览器**（Content Browser）中显示和组织。然后，你只需将内容从内容浏览器拖放到 3D 视口中，就可以开始填充你的世界。

每个添加到关卡中的网格体（Mesh）都是一个导入的 .uasset 实例，是对 .uasset 的引用。如果将模型拖动到场景中 30 次，不会创建 30 个副本，库中只存在 30 个相同的资源引用，而只有一个副本被加载到内存（RAM）中。如果修改该 .uasset，则对该资源的所有引用都将更新以匹配修改。

你还可以添加光照、大气效果、动画和其他内容，创建你想要的外观和感觉。后期处理特效被实时应用：泛光（Bloom）、镜头眩光（Lens Flares）、运动模糊（Motion Blur）、景深（Depth of Field），甚至环境光遮蔽（Ambient Occlusion）均在不到 1 毫秒的时间内计算完成并实时合成，从而创建美观、高质量的图像。

2.4.6　添加互动性（编程！）

此时，你可以创建静态摄像机路径并将场景渲染为制作视频用的画面帧，这些渲染画面的质量可以非常高。

但是，如果你花费的所有精力只是为了将内容放入 UE4 而不增加交互性，那么你真的是上错船了。

即使只添加一个简单的轨道摄像机，使用户可以在照片级逼真的可视化界面上进行操作，这也是其他传统平台无法实现的方式。

在 UE4 中，你可以使用蓝图脚本编辑系统创建非常丰富的交互式世界，而无须编写任何代码。你也可以使用 C++ 或内置的众多可用脚本。

2.4.7　测试和改进

因为交互性涉及用户，所以不可避免地会出现错误。你可能已经对可视化工作中的视觉错误很熟悉。诸如渲染故障、建模错误及数据错误，你的 UE4 交互式可视化项目也可能有这些错误。此外，你还将遇到用户交互错误的新挑战。

创建平滑运行且易于使用的界面、场景和应用程序并不像看起来那么容易。用户对于你创建的界面抱有很高的期望，所以系统和界面的微调所需的时间和资源可能远远超过你的预期。

你添加的功能越多，必须执行的测试和迭代就越多；你的受众范围越广，测试就需要越严格。

尽快把你的应用程序交到你的客户 / 观众手里，如果可以，请看着他们使用。认真倾听，得到他们对你的应用程序的反馈，倾听越早越好，反馈越多越好。这是避免开发过程在最后时刻崩溃的最好办法。

2.4.8　打包

经过测试，你的交互式可视化项目运行得比闪电还快，界面出奇地干净和好用，甚至引起了 Apple 公司的注意。现在是时候将它从开发环境中转移到公众的计算机、平板电脑和手机上了！

为此，你需要**打包**你的项目。这是一个需要多个步骤的操作。首先，UE4 烘焙（cook）所有项目内容。烘焙过程会获取你制作的所有 .uasset 文件，根据部署的平台处理它们，并删除所有源内容或其他残留文件，只留下该系统要加载的最有效的文件。

然后将烘焙过的内容与一个去除了编辑器和其他开发工具的 UE4 引擎版本合并。一个可执行文件被创建，生成了一个独立的、完全可迁移的项目版本，可以安装到任何能够运行它的机器上！

2.4.9　发布

将你的应用程序发送给客户或普通公众，比通过电子邮件发送图像或将电影上传到 YouTube 稍微复杂一些。

UE4 应用程序安装文件通常有几百兆字节，经常也可能超过千兆字节。一个简单的 Dropbox（一家在线存储提供商）链接，足够把文件传送给几个人，但是只要有数百人访问它，就会很快变得不堪重负。

2.4.10   提供支持

在你的应用程序"走出了你的家门"后，它将以你从未想象的方式进行测试和使用。你的受众会发现许多硬件和软件不兼容的问题，你可能根本不知道这些软硬件，更没有测试过它们。始终要为项目规划出提供支持的时间，并在受众规模增加时进行相应的增加。

2.5   总结

以前，在可视化场景填充完成并且单击 Render 按钮后，你可能认为项目已经完成了。在 UE4 中，开发交互式可视化是可视化开发过程中新引入的后续部分。为了开发交互式可视化应用程序，你必须考虑到自己的专业领域、人员和技能组成，以及时间限制。

第 3 章

内 容 通 道

　　将已有的场景和内容导入UE4可能是你在运行编辑器后想要做的第一件事。它也可能是你遇到的第一个主要障碍，特别是当你希望将现有的大型光线跟踪可视化场景转换到UE4中的时候。通过了解需要为UE4准备什么内容，你能在第一次以"虚幻方式"进行制作时节省大量时间，同时能达到你和你的客户对UE4期望的质量和性能。

3.1　内容通道概述

你可能已经习惯了在一个集成了建模工具、材质系统和渲染器的 3D 应用程序中工作。在你的数据进入这个 3D 应用程序后，只需单击一下按钮即可渲染场景。你可以利用所选的 3D 应用程序中的工具来应用材质和光照、创建动画及构建故事。你可能会在外部应用程序中准备纹理和其他数据，但是会在这个你选择的 3D 应用程序中完成大部分日常工作。

在渲染完图像或动画后，将图像加载到后期编辑应用程序中，添加特效和标题，编辑素材和添加音频。完成这些后，将最终版本渲染为一个视频或图像文件，分享给你的观众或客户（参见图 3.1）。

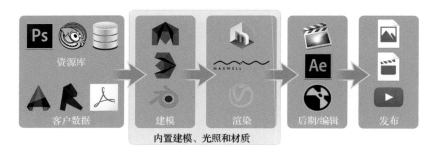

图3.1　传统可视化工作流程

UE4 是独立应用程序，不直接与任何 3D 应用程序整合在一起。相反，你需要使用 2D 和 3D 应用程序来生成 3D 模型和纹理，然后必须将其导出为可交换格式（FBX、TGA 等）并导入 UE4 中（参见图 3.2）。

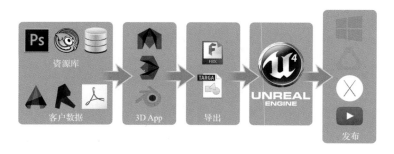

图3.2　UE4可视化工作流程

在内容导入 UE4 后，你可以在 UE4 编辑器中构建自己的世界：增加光照、材质和交互性。没有渲染（Render）按钮，视口（Viewport）实时渲染所有内容，生成最终质量的图像，包括运动模糊、景深和颜色分级（Color Grading）等后期处理效果。

为了添加交互性，可以使用蓝图、C++ 和虚幻运动图形（Unreal Motion Graphics，UMG）

来创建用户界面和其他一些屏幕上的标题。Sequencer 提供了非线性编辑器、基于物理的摄像机和摄像机绑定，用于创建好莱坞品质的过场动画。

项目完成后，你可以在任意平台上发布应用程序：Mac、Windows、VR、移动设备等，还可以渲染高质量的静态图像和动画。

内容准备

准备在 UE4 中使用的内容时要格外小心。需要适当的命名约定、光照贴图（Lightmap）UV 坐标、碰撞、LOD 等，以确保平稳、快速的工作流程，以及高性能和高质量的渲染。因为准备场景还有很多工作要做，自动化和一致性非常重要，可以保持生产灵活、项目稳定和高效，以及降低生产成本。

与光线跟踪相比，UE4 工作流程使用了更多的艺术家时间。为什么呢？回忆一下那些疯狂的渲染时间（第 1 章讨论的每帧 0.016~0.033 秒）。使渲染速度更快的最佳方法之一，是提前进行处理工作并以各种方式存储。烘焙光照，使用法线贴图（Normal Map）记录细节，甚至是指定 *UVW* 坐标这样的低级操作，都可以节约处理资源。

好处是几乎不会增加 UE4 工作流程的时间。在 UE4 中导出、导入和处理数据非常快。唯一需要额外时间的处理通常是线程化的，可以与编辑器并行运行，使你可以在烘焙光照或为一个新的平台编译项目时继续在编辑器内工作。

> **说明**
>
> 一些最耗时且处理器密集型的计算不仅可以与编辑器并行完成，还可以通过网络进行分布式运行。你可以轻松使用现有工作站或渲染农场，大幅提高 Lightmass 渲染、内容烘焙、编译等处理的效率。

你也无须花费大量时间等待渲染。众所周知，Max 和 Maya 中的视口对于光照和渲染场景的呈现非常糟糕，甚至无法正确显示材质和纹理。这会迫使你渲染场景以预览每次更改，花费几分钟甚至几小时来了解最终图像的样貌。

UE4 加载内容的速度同样很快。内容浏览器可以打开资源并实时预览，即使是复杂的内容，各种编辑器也可以快速打开。大量关卡可以在几秒内保存并打开，而不是几分钟。这就意味着可以有一个交互式的工作流程，使你可以在更短的时间内完成更多的工作。如果你遵循一些简单的指导原则，许多工作将通过自动化和其他"魔法"为你完成。

3.2 3D 场景设置

你应始终确保你的内容符合 UE4 提供的标准和惯例。事实上，这些标准中的大部分是技术性的，也有许多是格式上的，但是它们背后都有合理的原因。

你必须从组织你的源艺术文件（你的 Max、Maya 和 Photoshop 文件）开始。组织化就是最重要的事情，现在花时间去纠正它是很重要的。

在数字内容创建（Digital Content Creation，DCC）应用程序中更改名称、比例、顶点数、枢轴点等都非常容易——只需单击、重命名、移动和缩放即可。这些应用程序是专门用于修改网格体和位图的，并且完成得非常出色，你可能已经很擅长使用它们来执行操作了。将内容导入 UE4 后，执行这些操作需要牵涉更多东西（如果可能的话）。

3.2.1　单位

UE4 使用厘米作为场景的**默认单位**。在理想情况下，始终将应用程序设置为 1 单位 == 1 厘米单位比例。但是，对于很多可视化项目而言，这并不像看起来那么容易。我们经常受到源数据的限制，或者受限于工作流程，这些妨碍了我们轻松地实现转换。

有几种方法可以缓解这个问题。FBX 导出器允许你在导出时将缩放应用于网格体（Mesh），UE4 为网格体提供导入缩放（和旋转）设置。这些选项可能有效也可能无效，这取决于你的内容，而且如果你能自己处理的话，不推荐使用这些选项。推荐的是尝试找到在导出之前重新缩放内容的方法。

Max 软件也提供了设置**显示单位**（Display Units）的选项。此选项对数据或场景不执行任何操作。它只用于设置从场景单元转换为 UI 中的可视元素的比例。这使你可以将内容保持在厘米单位，并继续使用熟悉的单位。

3.2.2　统计信息

获取准确的**统计信息**对于优化内容至关重要。其中最重要的是三角形和顶点的计数。请注意，我说的是三角形而不是多边形或平面，或者任何其他的术语。UE4 将所有几何体分解为由顶点定义的三角形来进行渲染，因此其他任何东西对我们的需求来说都不重要。

3.2.3　背面剔除与法线

背面剔除（Backface Cull）是一种渲染优化方法，如果三角形背向相机，则不会被渲染。其也可以称为**两面**或**双面**渲染。

许多 3D 应用程序默认启用双面渲染，对象的两面都显示。这可能会给你带来错误的几何视图，因为默认情况下 UE4 会剔除背面三角形。你可以在 UE4 中将单个材质和材质实例设置为双面，但它不是一个高效的修复方法，而且这个功能的目的不是修复不良内容，而是用于渲染特定表面，如树叶。

你应该在你的 3D 应用程序中关闭双面渲染，以确保你看到的是与将在 UE4 中看到的相同模型。在导出到 UE4 之前，修复 3D 应用程序中的所有平面和顶点法线问题。

3.3　为虚幻引擎 4 准备几何体

UE4 使用的 3D 对象有**静态网格体**（Static Mesh）或**骨骼网格体**（Skeletal Mesh）。单个网格体可以具有平滑组（Smoothing Group）、多个材质和顶点颜色。网格体可以是刚性的（静态网格体）或变形的（骨骼网格体）。从你的 3D 应用程序中将所有网格体导出为 FBX 文件，然后将其导入 UE4 项目中。

> **说明**
>
> 在本书中只用到了静态网格体来构建场景。不要望文生义地以为静态网格体在你的应用程序中不能移动或被移动。静态网格体的"静态"是指顶点。静态网格体不能基于骨骼变形，那是骨骼网格体做的事情。

3.3.1　建筑和道具网格体

我将静态网格体资源分为两大类：建筑和道具。它们有相似的规则，但是又有不同的着眼点，可以使不同的处理过程更简单。

建筑

建筑网格体是独特的、位于特定位置的对象，例如墙壁和地板、地形、道路等。通常，场景中只有这些对象的一个副本，并且它们需要位于特定位置。

我们通常会使这些对象在源艺术、内容文件夹和 UE4 关卡之间保持 1 ：1 的关系。（例如，在它们每个中都有一个 SM_Wall01，在完全相同的位置。）

在适当的位置导出这些对象，然后导入并放置在场景中坐标 0,0,0 的位置（或者另一个已定义的原点）。使用此方法保持 UE4 内容与场景同步非常简单，因为你可以导入、重新导入网格体或整个场景而无须重新定位它们。

道具

道具网格体是重复出现或可以重复使用的静态网格体，它们放置在关卡中的建筑内或建筑上。例如，桌子上的盘子。你可以为场景中的每个"盘子"使用一个唯一的静态网格体资源，或者因为它们完全相同，你可以引用一个单独的资源并将其移动到视口中的位置。那个桌子也可以作为道具，这样就能轻松地移动它。

多个道具引用单个资源可以降低内存开销，并且可以方便地更新和迭代内容。

3.3.2　命名

与所有数字化项目一样，对于任何使用 UE4 进行开发的人员来说，建立和坚持使用可靠的命名约定都是一项重要任务。项目最终会有数千个单独的资源，并且都具有 .uasset 扩展名。在

3D 应用程序中命名对象非常简单、快捷，但在 UE4 中并非如此。

毫无疑问，你将提出自己的标准和系统来适应特定的数据通道，但是如果能与 UE4 开发社区中的其他人保持一致会更有帮助，因为你可能会与开发社区交流或分享内容。

基础知识

在命名任何内容（网格体、文件、变量等）时，不要使用空格或特殊 /Unicode 字符。有时你违反这些规则却逃脱了惩罚，但是当你遇到一个不接受空格或特殊字符的系统时，它会使事情变得困难。

UE4 命名规范

有一套虚幻引擎内容的基本命名方案，其在 Epic Games 公司和使用虚幻引擎的开发者中间已经使用了超过 15 年。它遵循的基本约定如下。

Prefix_AssetName_Suffix

如果你已经浏览过 UE4 中的任何内容，你应该已经看到了这个约定。

> **说明**
>
> 引擎和编辑器不会对命名约定强制执行任何规则，你可以随意命名内容。

Prefix

Prefix（前缀）是一个简短的单字母或双字母代码，用于标识资源的内容类型。常见例子是"M_"代表材质（Material）和"SM_"代表静态网格体（Static Mesh）。你可以看到它通常是一个简单的首字母缩写，但是有时由于冲突或者其他惯例需要有所变化，例如"SK_"代表骨骼网格体（Skeletal Mesh）。（完整列表可在本书配套网站上下载。）

AssetName

BaseName（基本名称）以简单、易懂的方式描述对象。"WoodFloor""Stone""Concrete" "Asphalt""Leather"都是很好的例子。

Suffix

有些类别的资源有一些细微的差异，在命名时标记这些差异很重要。最常见的例子是纹理资源。虽然它们都共享相同的"T_"前缀，但是不同类型的纹理用于引擎中的特定用途，例如法线贴图（Normal Map）和粗糙度贴图（Roughness Map）。使用 Suffix（后缀）有助于描述这些差异，同时保持所有纹理对象整齐分组。

示例

你可以在任何常见的 UE4 项目中见到如表 3.1 所示的示例。

表3.1　示例资源命名

资源命令	说明
T_Flooring_OakBig_D	大块橡木地板的底色（漫反射，diffuse）纹理
T_Flooring_OakBig_N	大块橡木地板的法线贴图纹理
MI_Flooring_OakBig	使用大块橡木地板纹理的材质实例
M_Flooring_MasterMaterial	大块橡木地板材质的父材质
SM_Floor_1stFloor	应用了MI_Flooring_OakBig材质实例的静态网格体

UE4 中有许多不同类型和种类的内容，其中每个都可能有不同的命名方案。你可以直接访问本书的配套网站，获取一个由社区驱动的包含所有建议前缀和后缀的列表。

尽管此列表是详尽无遗的，但不会以任何方式强制执行这些命名规则。最重要的是保持一致性，建立一个系统并坚持下去。

3.3.3　*UV* 映射

***UV* 映射**（UV Mapping）对所有 3D 艺术家来说都是一个挑战，对可视化来说更是如此。大多数可视化渲染可以使用一些非常差的 *UVW* 映射，有时甚至可以没有 *UVW* 映射。对此 UE4 完全不接受。

UVW 坐标用于许多功能和效果，从明显的应用（如将纹理应用于表面），到不太明显但同样重要的事情（如光照贴图坐标）。

你的所有 3D 资源都需要高质量且一致的 *UVW* 坐标。对于简单几何体，这可以像将"*UVW* 贴图坐标修改器"（UVW Map Modifier）应用于几何体一样简单。几何体越复杂，就越需要加入手动的处理。不要担心，大部分时间你都能轻松得到好结果。使用 UE4 时，需要留意你的 *UV* 坐标。如果你有难以诊断的渲染问题，请检查你的 *UV* 坐标。

真实世界比例

许多 3D 应用程序可以使用真实世界比例的 *UV* 坐标系，其中纹理在材质中缩放，而不是缩放 *UV* 坐标。虽然这完全可以在 UE4 中实现，但它不是最好的选择。

如果场景已经映射到真实世界比例，那么你应该使用修改器（例如 Max 中的 Scale UVW）缩放 *UV* 坐标，或在 *UV* 编辑器中手动缩放顶点的 *UV* 坐标。

世界投影映射

可视化中一个常见的"作弊手段"，是使用世界投影纹理（根据 *XYZ* 世界坐标投影的纹理），以使平铺纹理快速覆盖复杂的静态模型。该方法不需要制作良好的 *UV* 坐标以获得良好的结果。UE4 有这样做的方法，我在自己的项目中大量依赖它们。

这里有一点非常重要，如果你计划使用 Lightmass 来预计算光照，仍需要提供良好和明确的

光照贴图 *UV* 坐标，即使使用了世界投影贴图也是如此。这是因为 Lightmass 将光照信息存储在纹理贴图中，并需要唯一的 *UV* 空间才能渲染正确。

平铺与唯一坐标

大多数可视化项目中广泛使用平铺纹理。事实上纹理没有平铺，而是通过设置和修改材质的 *UV* 坐标实现了平铺。平铺的 *UVW* 坐标集允许 *UV* 平面重叠，并使顶点超出 0 ~ 1 的 *UV* 空间。根据 *UV* 坐标的性质，超出 0 ~ 1 的范围会产生平铺。本质上，0.2、1.2 和 2.2 都采样自相同的像素。

唯一 *UV* 坐标的定义是没有坐标超出 0 ~ 1 的范围，每一面在 *UV* 映射空间内占据唯一的区域而且不重叠。这在将信息烘焙到纹理映射时非常有用，因为每个像素都可以对应于模型表面上的特定位置（参见图 3.3）。

将数据烘焙到纹理中的常见例子是，使用二次投影从高多边形模型生成的法线贴图，或者在 UE4 中使用 Lightmass 将光照和全局照明（Global Illumination，GI）信息记录到被称为**光照贴图**（Lightmap）的纹理贴图中。

图 3.3　唯一与平铺的 *UV* 坐标

多重 *UV* 通道

UE4 支持多重 *UV* 通道，甚至有时鼓励和要求这么做，这提供了纹理混合（Texture Blend）和其他引擎级功能，如使用 Lightmass 烘焙光照。

3D 应用程序通常无法在视口中完美呈现多重 *UV* 通道，工作流程通常很笨拙，而且为了使用更大、更清晰的纹理，通常不使用多重 *UV* 通道。这不是一个好选择，巨大的纹理可能会消耗大量的 VRAM 并使场景动弹不得。

作为替代方案，可以在材质中使用多重 *UV* 通道和分层 *UV* 坐标，为巨大的对象添加细节。

> **说明**
> UE4 使用 0 作为 *UV* 坐标基数。也有许多应用程序使用基数 1。如果你的应用程序（Max，就是你！）使用 1 作为 *UV* 通道基数，UE4 会将其作为坐标索引 0 导入。

光照贴图坐标

制作光照贴图的 *UV* 坐标看起来像是一项麻烦的任务。不用担心：光照贴图坐标很容易制作，只是另一组 *UV* 坐标而已，只需要遵照以下这些规则。

- 如果你的项目仅使用动态光照，你可能根本不需要担心光照贴图坐标！
- 坐标需要是唯一的，不要重叠或平铺。如果面（Face）重叠，Lightmass 无法决定将哪些面的光照信息记录到像素中，从而产生可怕的错误。
- *UV* 图表（*UV* 编辑器中的附加面组）之间必须存在一些空间。这被称为**填充**，以确保来自一个三角形的像素不会渗入相邻的三角形。
- 最后一个主要规则是双重的：避免将光照贴图 *UV* 坐标在光滑面上进行分割，因为这会导致难看的缝隙；沿着平滑组（Smoothing Group）边界分割坐标，可以避免平滑组中的光线渗出。

> **说明**
> 有时你将别无选择，只能在光滑面上放置 *UV* 接缝。制作时尽力使其远离观察者最有可能所处的位置（通常选择对象的背面或底部）。

Auto Generate Lightmap UVs

Auto Generate Lightmap UVs（自动生成光照贴图 *UV* 坐标）导入选项，是在为 Lightmass 准备作为光照的模型时，最节约时间的方式之一。我再怎么推荐它也不为过。它可以在导入之时（或之后）快速生成高质量的光照贴图坐标，并且可以通过艺术家进行调整以获得最佳结果（参见图 3.4）。

粗略地讲，Auto Generate Lightmap UVs 系统只是一个重新包装和归一化（Normalization）操作，它采用源通道并将现有的 *UV* 图表打包到 0 ~ 1 的 *UV* 空间中，使其尽可能高效。它还根据源光照贴图索引设置的预期光照贴图分辨率，在图表之间添加正确数量的像素填充。（光照贴图分辨率越低，像素越大，需要的表之间空间越大；相反高分辨率像素越小，需要的空间越小。）

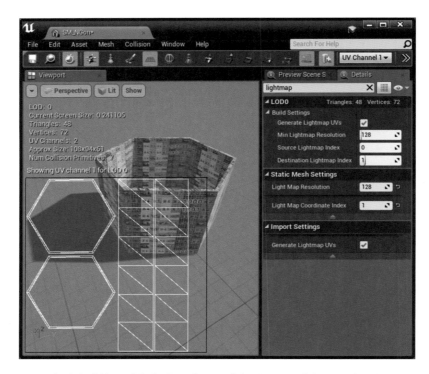

图3.4   自动生成的*UV*坐标与光照贴图*UV*坐标重叠（注意与图3.2相比的效率）

唯一的要求是基本 *UV* 通道中的坐标遵循沿着平滑组（Smoothing Group）分割的规则，并且没有拉伸。如果它们一开始就进行干净的映射，那么它们可以是任何比例的，也可以重叠。

> **贴士**
>
> 你可以方便地对几何体使用光照贴图，通过在应用程序中使用箱体映射（Box Mapping）或 *UV* 工具，可以在导出之前进行快速但不干净的对象映射（例如，基于平滑组或面的角度分割）。结合世界投影映射，你的 *UV* 映射工作流程可以快速、轻松地实现自动化。

3.3.4   细节层次（LOD）

UE4 拥有出色的 **LOD** 支持。LOD 是当 3D 模型向远处移动并在屏幕上显示得很小时切换到较低细节版本的过程。

如果你正在为移动平台或 VR 平台开发内容，LOD 和模型优化非常重要。即使是在高端硬件上运行，也可以考虑为高细节多边形道具创建 LOD 模型。对于像车辆、人、树和其他植物等网格体，每个都会在大型场景中使用数百次，其拥有高效的 LOD 模型意味着可以在屏幕上保留更多资源，从而进行更细致的模拟。

UE4 完全支持 LOD 链，只需要应用程序导出 LOD 链到 FBX 文件。这意味着你可以在自己喜欢的 3D 应用程序中创建 LOD 并将其全部一次性导入 UE4 中。你还可以手动导入 LOD，通过导出多个 FBX 文件并从编辑器中导入它们。

自动创建 LOD

UE4 支持在编辑器中直接创建 LOD。与光照贴图的生成非常相似，这些 LOD 是由 UE4 专门创建并使用的，可以生成外观漂亮的 LOD，几乎不需要艺术家干预。

要在编辑器中生成 LOD 网格体，只需在静态网格体编辑器中指定 LOD 组，或者在导入时指定 LOD 组。当你有较高密度的网格体，特别是如果你的目标是移动平台或 VR 平台，我建议使用这个方法。

一些第三方插件，如 Simplygon 和 InstaLOD，可以进一步自动化整个 LOD 生成过程，而且具有比 UE4 内置解决方案更强大的还原能力。

如果你经常处理大量细分的（tessellated）网格体，我建议考虑将这些插件集成到你的 UE4 工作流程中，因为它们比大多数 3D 应用程序中的优化系统更强大，并且使用自动 LOD 生成功能可能可以节省很多时间，更不用说每帧减少转换和渲染的顶点总数所带来的明显的性能优势。

3.3.5 碰撞

碰撞是 UE4 中的一个复杂主题。交互式角色的碰撞和物理模拟，是通过使用每个多边形和低细节替代几何体（为了速度）及各种设置，来确定碰撞对象和可以穿过的对象（例如，火箭被护盾挡住，但是你的角色可以穿过这个护盾）。

幸运的是，由于大多数可视化不需要各"交战方"之间复杂的物理交互，因此你可以使用简化的方法进行碰撞准备。

建筑网格体碰撞

对于大型、唯一的建筑，你可以简单地使用每个多边形（复杂）碰撞。墙、地板、道路、地形、人行道等都可以轻松使用这种方法，而不会造成很大的性能损失。请记住，网格体越密集，这项操作的代价越昂贵。因此请准确地判断，拆分较大的网格体以避免性能问题。

道具网格体碰撞

对于更小或更细致的网格体，每个多边形的碰撞给内存和性能带来的压力都太大。作为替代方案，你应该使用一个低分辨率的"碰撞代理网格体"（Collision Proxy Mesh）或"简单碰撞体"（Simple Collision）。

你可以选择在 3D 应用程序中生成自己的低细节多边形替代 **Collision Meshes**[1]，或者在 UE4 编辑器中使用手动放置的基本体（箱体、球体、胶囊体）。你还应该看一下编辑器提供的自动碰撞生成选项。

1　与你的网格体一起导出的低细节多边形基本体遵循特定的命名规范。更多相关信息，请查看虚幻引擎官网上关于静态网格体的文档。

凸面体分解（自动凸面碰撞体）

UE4 还在编辑器中提供了一个名为**凸面体分解**（Convex Decomposition）的强大的自动碰撞体生成系统。此功能使用了一个神奇的体素化（Voxelization）系统，将多边形对象分解为 3D 网格，以创建高质量的碰撞基本体。它甚至适用于复杂的网格体，我强烈建议使用它来减少道具上的多边形数量。

不要将凸面体分解与导入过程中自动生成碰撞体的选项混淆。该系统来自 UE3 的遗留系统，不能适用于大多数可视化目的，因为它不能很好地处理大的、不规则的或细长的形状。

导入时，凸面体分解功能是未启用的，因为对于大网格体或者具有大量三角形的网格体，它可能非常慢。对于这些网格体，你应该在 3D 应用程序中制作传统的碰撞壳并将其与模型一起导入。

你可以在官方文档中及本书的配套网站上找到更多关于生成碰撞体的信息。

3.3.6　枢轴点

UE4 导入枢轴点（Pivot Point）的方式可能与你预期的不同。UE4 允许你在使用静态网格体导入器导入时，通过 Transform Vertex to Absolute 选项，在两种不同的**枢轴点**之间选择。你可以将枢轴点设置在 3D 应用程序中定义的位置（设置 Transform Vertex to Absolute 选项为 false），也可以强制将枢轴点导入场景的 0,0,0 原点，完全忽略已定义的枢轴点（设置 Transform Vertex to Absolute 选项为 true）。

你可能疑惑究竟为什么想要覆盖对象的枢轴点，但是这样做可以节省大量时间。通过使用共同的枢轴点，你可以轻松、可靠地将所有**建筑网格体**放入关卡中，并将位置设置为 0,0,0，这样它们可以完美地排列整齐。

这是可行的，因为你通常不会移动你的建筑网格体，因此它们基于哪里旋转和缩放无关紧要。重要的是，它们在 3D 空间中的精确位置。

道具网格体则相反。当你在场景中放置道具时，枢轴点对于移动、旋转和缩放它们至关重要。

为了使 UE4 中的枢轴点与你的 3D 应用程序相匹配，你有几个选择。你可以将所有道具建模在 0,0,0 的位置，或者在导出时将它们移动到这个位置。较新版本的 UE4（4.13 及更高版本）允许你覆盖默认导入行为，同样可以使用网格体的枢轴点。这通常是确保你的枢轴点可以匹配的最佳选择。

3.4　FBX 网格体通道

准备好几何体资源后，需要将它们导出为 FBX 格式。这种格式历史悠久，最终它成了最通用的 3D 数据交换格式之一。

UE4 广泛使用 FBX 文件作为网格体和动画数据，所以了解 UE4 对于导出的几何体有什么要求非常重要。

3.4.1 导出设置

一定要选择平滑组（Smoothing Groups）、切线与副法线（Tangents and Binormals），如果可以，在导出选项中对网格体设置三角化（参见图 3.5）。这些选项可以确保你的网格体是三角化的，而且在 3D 应用程序和 UE4 中以同样的方式着色。

如果你的场景比例单位不是厘米，你可以在执行导出操作时轻松地重新调整所有资源的比例单位，方法是明确地设置 **Scene units converted to:** 为 *Centimeters*。

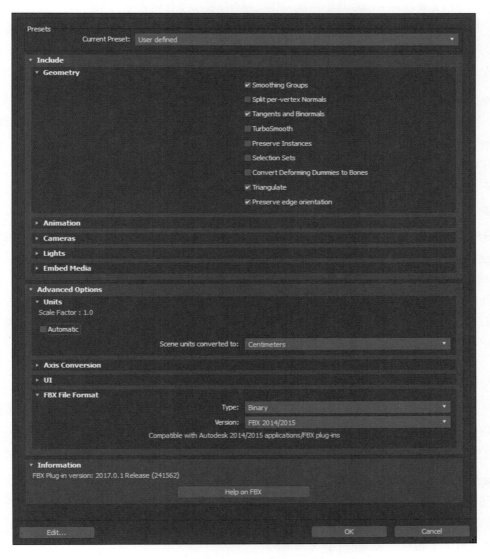

图3.5 建议的静态网格体的FBX导出设置（3D Studio Max）

3.4.2　导出多个网格体

有几个工作流程可以用于导出多个网格体。每个工作流程都有各自的缺点和优点。

单个 FBX 文件

你可以使单个 FBX 文件中包含多个网格体。当你将网格体导入 UE4 时，你可以选择将这些网格体组合成单个网格体，或将这些网格体分别作为独立的网格体导入。

我不是很喜欢这种方法。其中存在一些问题会使整个工作流程变得笨拙而且有时不太稳定。

一个常见的问题是，每次更新任何一个网格体时，都需要导出完全相同的一组网格体。此项任务非常难以维护，稍有不慎就会导致系统崩溃和其他问题。

场景导入

较新版本的 UE4 提供了额外的工作流程以帮助缓解上述问题。**场景导入**（Scene Import）使用一个单独的 FBX 文件，导入所有的网格体并将其放置在关卡中。这个前途光明的功能还可以导入摄像机、光源和动画；然而，它需要更加成熟才能成为一个可靠的工作流程。

引擎随着时间推移而正不断改善，请密切关注这个功能。尝试将其应用于你的数据，它可以使你的 3D 应用程序与 UE4 之间的数据交换更加容易。

多个 FBX 文件

导出多个 FBX 文件是我最喜欢的选择。虽然大多数 3D 应用程序本身不支持以这种方式导出，但是有些可用的脚本和工具使你可以批量处理导出过程。你可以在本书的配套网站上找到一些这样的脚本。

UE4 可以快速地导入整个文件夹结构中的 FBX 文件。在这个工作流程下，如果你需要更新一个资源或一组资源，可以轻松、可靠地替换其 FBX 文件并将其重新导入 UE4 中。这种细粒度的方法为你提供了很好的控制，并且它是风险最小、技术需求最少的选择。

3.4.3　重新导入

一个简单的迭代工作流程，就是使用更新的几何体简单地覆盖现有已导出的 FBX 文件。这使你可以在内容浏览器中选择文件并重新导入它，从而在 UE4 中更新资源。

自动重新导入

我经常在 UE4 中使用自动重新导入功能。你可以定义一个目录，无论何时你更新或者创建一个新的可导入文件，编辑器都会检测到更改并自动更新现有资源或导入并创建新资源。

要启用此功能，请打开 Editor Preferences（编辑器首选项），定义一个要监视的文件夹及 Content 文件夹中相应的文件夹（参见图 3.6）。

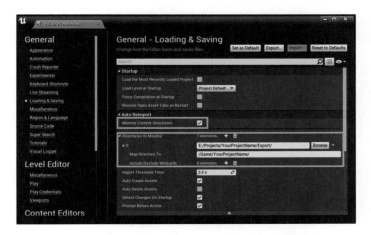

图3.6 在Editor Preferences中设置自动导入

> **说明**
>
> 默认情况下，自动导入功能是为 Content 文件夹设置的。虽然这很容易理解和使用，但我不建议将源文件放在此处。切勿在编辑器外部修改 Content 文件夹——UE4 不喜欢这样，这可能会导致项目损坏。

3.4.4 FBX 文件的存放位置

通常，你不需要维护导出的 FBX 文件，并且可以将其视为临时文件。你可以将它们存储在最方便的地方。保持一致性对于使用重新导入功能非常重要。

3.5 纹理和材质的工作流程

就像你从一个渲染软件转移到另一个渲染软件一样，你必须面对重新制作材质以利用新渲染器功能的需求，而 UE4 也不例外。

在 UE4 中，你可以同时导入网格体和材质，但是导入选项有限，需要以非常具体的方式创建源材质。

这并不是说将材质导入 UE4 不值得花时间，其可以为原型设计和使用制作良好的 UE4 材质节省大量时间。但是，不要在 3D 应用程序中花费太多时间处理材质。一个简单的漫反射贴图或颜色就足够了（所有将要使用的只有这些！）。

3.5.1 纹理

UE4 对纹理制定了一些严格的规则和限制。严格执行一些规则将导致纹理导入失败，其他的可能只会降低你的项目质量或性能。

大部分规则是 UE4 运行的硬件和软件对其施加的技术限制。图形显卡上的图形处理单元（GPU）对于纹理的存储、访问和渲染有特殊的限制，而 UE4 则受这些限制的影响。

支持的格式

UE4 支持一系列图像格式：

- **.bmp**
- **.float**
- **.pcx**
- **.png**
- **.psd**
- **.tga**
- **.jpg**
- **.exr**
- **.dds**
- **.hdr**

其中最常用的是 BMP、TGA 和 PNG。

TGA 文件是游戏行业内 8 位图像的标准。这归功于它为艺术家提供了在每个通道的基础上对图像内容进行准确控制的能力。UE4 接受 24 位（RGB）和 32 位（RGBA）TGA 文件[1]。

PNG 文件广泛地用于 UI 元素，因为它们预乘了 Alpha 通道，以便 UI 实现正确的混合，但是这样的 Alpha 通道通常不适合作为其他的纹理。

我建议材质中的所有纹理都使用 TGA 或 BMP。

Mip-Maps

Mip-Maps 是将一组预计算的、降低了分辨率的纹理存储为纹理的一部分。这使得当对象远离摄像机时，GPU 可以使用较小尺寸的纹理。这可以避免纹理走样（Aliasing），并且有助于提高性能。

分辨率

所有纹理应该缩放到 2 的幂次方的分辨率，比如 64、128、256、512、1024 等。最大尺寸为 8192×8192，更高分辨率的纹理需要修改源代码，并且可能无法支持所有显卡。

纹理可以不是正方形的，但在每个维度上仍然应该是 2 的幂次方的，例如 128×1024 就可以。

你可以导入不是 2 的幂次方边长的纹理，但是它们无法制作 Mip-Maps，这会给你的项目带来各种视觉上的不自然。你应该在每次导入纹理之前花时间将纹理调整到合适的尺寸。

1　图像格式可能令人困惑。32 位 TGA 文件由 4 个 8 位通道（RGBA）构成，而不像 HDR 或 EXR 那样的 32 位图像格式，它们代表每个通道 32 位。

Alpha 通道

你可以在许多格式中包含 Alpha 通道，但是请注意 Alpha 通道会使纹理的内存占用量翻倍，因此确保只有在需要使用它们时才引入 Alpha 通道。

另外的选择是，将 Alpha 通道作为另一个纹理引入。当你需要在不同纹理之间共享 Alpha 信息或想要比其他通道具有更低分辨率的 Alpha 贴图时，这种方法可以提供帮助。

压缩

UE4 使用了硬件级别的纹理压缩。在大多数情况下，这是一种具有一些大块压缩数据的 DDS 格式，因此具有高质量的源图像非常重要（也就是说，避免使用压缩过的源图像）。

你可以在单个纹理的基础上忽略压缩，但是你应该只在需要时才这么做。未压缩的纹理占据的内存大小最大可达到压缩纹理的 8 倍。

3.5.2 多个材质

UE4 完全支持在一个单独的网格体上使用多个材质。在 3D 应用程序中，只需将材质指定给各个面并使用一般的 FBX 工作流程。唯一需要注意的是，每增加一个材质都会增加这个对象的渲染开销。对于不经常使用的对象，例如建筑或房屋，这没有问题。当制作场景中大量使用的资源（车辆、植物、道具等）时，应该尽可能少地使用材质，否则项目会很快出现性能问题。

3.6 导入内容库

与准备和导出资源相比，导入内容是技术和复杂度都比较低的工序。如果你正在使用可视化数据，那么有一些选项尤其需要关注。

3.6.1 开始导入

你有几种简单的方法可以开始导入操作。

- 将资源从文件浏览器拖放到内容浏览器（Content Browser）中。你可以将多个文件甚至整个目录拖到内容浏览器中进行导入。
- 在内容浏览器中单击鼠标右键，在弹出的上下文菜单中选择 Import 命令。
- 使用内容浏览器中显眼的 **Import** 按钮。
- 通过在项目中定义要监视的文件夹和目标文件夹来自动导入资源。

根据你导入的文件类型，UE4 会提供一组不同的导入选项。

3.6.2 网格体导入选项

根据你的具体需求，选择的选项会有细微的差别，但是以下内容在大多数情况下都能满足你的需求（参见图 3.7）。

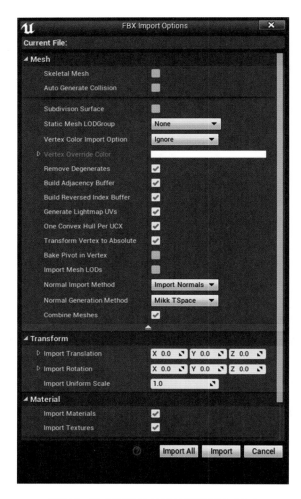

图3.7　静态网格体的建议FBX导入设置

Auto Generate Collision（自动生成碰撞体）

我不建议对大多数网格体使用 **Auto Generate Collision** 选项。这是一个遗留系统，对于不是特别为其制作的内容会产生不良结果。

你应该自己制作碰撞体（在 3D 应用程序或编辑器中放置基本体），依赖于每个多边形碰撞体（在高细节网格体上会很慢），或在编辑器中使用 Convex Decomposition Collision generation（凸面体分解碰撞体生成）选项。

Generate Lightmap UVs（生成光照贴图 UV）

我建议使用 **Generate Lightmap UVs** 选项，并放弃创建自己的光照贴图通道。你应该专注于使你的基本 UV 通道保持清晰，让编辑器在你的内容上发挥其魔力。

Import Materials and Textures（导入材质和纹理）

通常，我会打开 **Import Materials and Textures** 选项。因为，如果可以先行一步开始创建和分配材质，导入已经指定到材质的各种纹理，这样会非常方便，而且为以后构建和分配材质提供了良好的起点。

但是，如果你不小心，这个选项会造成巨大的混乱。为避免这种情况，你应该在导出材质之前确保在 3D 应用程序中对材质进行了精心指定。你也可以使用材质实例指定系统（Material Instance Assignment System）来创建材质实例而不是材质。这种方式对于那些已经建立了 UE4 工作流程和材质系统的人来说非常棒，但是对于初学者而言可能过于复杂。

Transform Vertex to Absolute（将顶点移至绝对位置）

当 **Transform Vertex to Absolute** 选项为 *true* 时，UE4 将使用场景的 0,0,0 替换制作的枢轴点。如果该选项为 *false*，网格体将使用制作的枢轴点。正如前面的 "为虚幻引擎 4 准备几何体" 一节所述，此设置对于放置和维护建筑网格体来说可以节省大量时间。

3.6.3　纹理选项

当导入纹理时，不会显示导入选项。但是，你应该确保你的纹理设置了正确的标记。这会对项目的性能和视觉真实感产生巨大的影响。

在完成导入工作后，通过双击内容浏览器中的纹理资源打开纹理编辑器（Texture Editor）。以下设置是其中最重要的部分。

- **Texture Group（纹理分组）**：你的大部分纹理都可以保留在 World Group 中。法线贴图（Normal Map）、HDR 图像、UI 图像，以及其他特殊的纹理（如 LUTs 和向量贴图等），都应该分配到适合的组中。这会设置许多内部标记，确保能够正确读取和显示这些纹理。
- **Compression Settings（压缩设置）**：设置纹理分组经常能够正确设置压缩设置，但也经常不能正确设置。大部分纹理使用默认设置。法线贴图应该始终使用法线贴图设置。UI 纹理应该使用用户界面的设置，以确保正确的 Alpha 混合和缩放。
- **sRGB**：对于包含颜色信息的几乎所有纹理，sRGB 标记都应该为 true。这将告诉渲染引擎对此纹理进行 Gamma 校正，从而在场景中进行准确显示（UE4 使用线性渲染管线，需要对纹理进行 Gamma 校正以匹配线性色彩空间）。用作遮罩（Mask）或其他 "数据" 映射的纹理（如法线贴图和向量贴图）都应设置为 false，以确保在不应用 Gamma 曲线的情况下准确读取数据。

3.7　摄像机工作流程

你是可视化动画的专家，可以创作出令人惊艳的可视化动画，通过清晰、流畅的摄像机动画，使项目的每个方面都熠熠生辉。你花了数年时间磨炼自己的技艺，开发了各种工具和技术，使你在竞争中脱颖而出。

UE4 的 Sequencer 提供了一个惊人的电影和动画系统，但学习一个全新的系统可能是令人生畏和不必要的。UE4 提供了一套强大的工具，可以在你的应用程序和编辑器之间导入和导出摄像机，使你可以用熟悉的工具轻松地完成迭代。

在 3D 应用程序中，选择你的摄像机对象并将其导出为 FBX 文件。在有些情况下，你需要烘焙出你的摄像机动画，比如当你的摄像机连接到样条线（Spline）或使用了任何其他非标准变换时（例如，被绑定到其他对象，使用观察控制器或修改器，或者是绑定系统的一部分）。

在 UE4 中创建一个关卡序列（Level Sequence）的方式如下：单击编辑器工具栏的 Cinematics 按钮，选择 Add Level Sequence，再选择一个位置来保存序列资源（参见图3.8）。

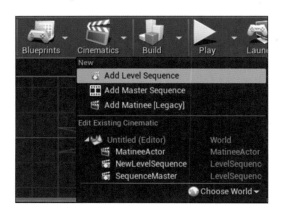

图3.8　添加一个新的关卡序列

在 Sequencer 窗口中打开新的序列后，在窗口中用鼠标右键单击动态生成的摄像机 Actor 并在弹出的上下文菜单中选择 Import 命令。

你的动画将被引入并应用于摄像机。我遇到过有时会产生不一致，通常是在摄像机与应用程序的默认类型不同时，比如旋转过的枢轴点或者不正确的位置等。你可能需要重新制作摄像机或者将其转换为标准类型才能充分利用此功能。

你还可以在 Sequencer 中将摄像机动画导回到 FBX 文件，然后导入 3D 应用程序或 Nuke 等后期编辑套件中，以完成在 UE4 中渲染的镜头。

3.8　总结

准备导出和导入 UE4 的内容是许多人将面临的最大障碍。然而，为 UE4 准备内容所花费的时间会在你重构 UE4 编辑器中的数据时返还极大的红利。当你为自己的成功做好准备时，即使是大规模的数据集也可以顺利地进入 UE4 和你的场景。

第4章

光照和渲染

UE4最引人注目的特点之一是，它能够实现惊艳的视觉质量。通过利用基于物理的渲染（Physically Based Rendering, PBR），UE4实现了难以置信的真实感。表面以惊人的逼真方式对光线和阴影做出反应。材质编辑器（Material Editor）使用可视化图形系统，使你能够使用复杂、动态、基于物理的材质，而材质实例和相关功能可以让你重复使用材质并实时修改它们。你可能再也不想用回旧的渲染器了。

4.1   理解虚幻引擎的基于物理的渲染（PBR）

在过去的 10 年中，计算机图形学已经在质量和真实感方面都有了极大的发展。这在很大程度上是因为基于物理的渲染（PBR）的发展。PBR 取代了传统的 Phong/Blinn 镜面反射着色，根据一些表面参数（如粗糙度），其能更准确地呈现实际表面如何对光做出反应（参见图 4.1）。

图4.1   同样的材质在 4 个不同的光照环境下

UE4 的渲染器采用了为好莱坞大片创建的 PBR 技术，呈现了强大的、对艺术家友好的且易于学习的材质和光照系统。将基于物理的材质、光源和反射结合为一个统一的系统，创建近乎实时跟踪光线质量的图像。

那些已经使用基于物理的渲染器（如 Maxwell）的人应该能够非常快速地掌握 UE4 渲染器中的概念。对于其他人来说，这种变化起初会有点令人困惑，但是在看到材质和光照有多好、设置多么简单，以及它们在几乎所有光照条件下如何保持良好状态之后，你将不愿再面对原来使用的老旧的基于镜面反射的材质。

4.1.1   底色

底色（Base Color）在排除了阴影和高光的情况下（UE4 假定它们填充在光照信息中）简单地定义了材质的颜色。

这些值几乎从不是完全黑色或完全白色的。木炭和纯沥青约为 0.02（强度从 0 到 1），而纯净的雪应该在 0.81 左右，纯混凝土和沙子则在中间位，分别是 0.51 和 0.36。

4.1.2　粗糙度（Roughness）

UE4 几乎完全抛弃了镜面通道。尽管你仍然可以访问镜面反射值，但是它仅用于 PBR 系统不太适合的特殊情况。

相反，你将使用一个单独的灰度值或浮点数来确定镜面反射的光亮度和紧密度，即**粗糙度**（Roughness，参见图 4.2）。你可以通过一个独立值或者使用纹理来驱动粗糙度。在图 4.2 中，只有粗糙度值经过了修改。请注意，当粗糙度增加时，镜面高光和反射是如何模糊的。

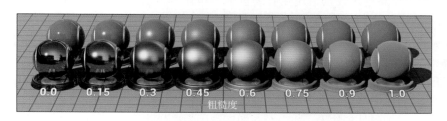

图4.2　粗糙度在非金属（第1行）和金属（第2行）材质上的表现

在现实世界中，表面越粗糙，反射光的漫反射就越多或越模糊。这是因为表面上有细微的凹凸。这些凹凸会散射射向它们的光线，而没有这些凹凸的光滑表面不会发生散射，从而产生锐利的镜面反射。

> **说明**
>
> 你可能想要减少材质的镜面反射值以移除高光，但不要这样做！而是应该使你的材质更粗糙。

4.1.3　金属度

金属度（Metallic）输入设定了你的材质在多大程度上"像金属"（参见图 4.3）。这是一个灰度值或**标量值**[1]（0.0 ～ 1.0）输入。但是，几乎所有表面都将处于或接近 0 或 1。只有少数情况下金属色介于 0 和 1 之间，例如略微弄脏的金属、花式陶器釉等，或者当你定义一块区域是否是金属时。

---

[1]　标量值在材质的着色器语言中对应的是浮点数。

图4.3　金属度变化。反射颜色由材质的底色（Base Color）控制

4.1.4　充分利用 PBR

PBR 需要良好的输入数据。现在有大量资源可用于下载，有包含了粗糙度、法线和其他 PBR 贴图的非常优质的 PBR 纹理。

像 Substance Bitmap 2 Material（B2M）这样的工具，可以帮助你用现有的漫反射纹理为 PBR 渲染做准备。

你也可以在 Photoshop 或其他图像编辑软件中手动生成这些贴图，但是 Substance、Quixel Suite 或 Substance B2M 等工具能以更快的速度生成更好看的贴图。

这些工具使用图像处理技术，通过分析源图像中的形状和光照，来生成法线、粗糙度和底色贴图。

将细节装入粗糙度

粗糙度纹理贴图是你获得最佳 PBR 材质的关键。环视四周，粗糙度的差异在告诉你关于表面所需要知道的一切，而且所有东西都存在差异。这是你材质上的划痕、污垢和瑕疵应该依赖的。

保持底色贴图简单

保持你的底色贴图简单。它应该不包含光照或阴影信息，只包含颜色信息。把填充阴影和光照的工作交给渲染器。

4.2　虚幻引擎 4 中的光照

UE4 中的光照与其他 3D 应用程序中的光照很接近。放置聚光灯（Spot Light）、定向光源（Directional Light）、天空光（Sky Light）和点光源（Point Light），可以控制亮度、衰减程度和颜色。UE4 与其他 3D 应用程序的区别在于，UE4 为了质量、功能与性能之间的平衡需要进行严格的限制。

> **说明**
>
> UE4 没有内置动态的全局照明（GI）光照方案。UE4 中唯一适用于产品级的全局照明系统是 Lightmass，它依赖于预先计算的光照和阴影贴图，并在编辑器中进行离线计算。

> **光照传播体积（Light Propagation Volumes）**
>
> UE4 确实以"光照传播体积"的形式提供有限的实时全局照明，这是一个实验性功能，可以在项目设置中启用。这项功能还处于实验阶段，尚未完全投入生产且缺乏支持，但是许多人已应用了这项功能并得到了一些很好的效果。
>
> **NVIDIA VXGI**
>
> NVIDIA 公司也为 UE4 提供了一个名为 VXGI 的全局照明方案。这需要你下载并构建由 NVIDIA 修改的引擎的自定义版本，该内容超出了本书的范围。此解决方案可以提供非常高质量的结果，但是 Epic Games 公司不直接为其提供支持。

光照在光线跟踪引擎中的处理非常慢，但是通常非常生动。你可以轻松地移动阳光，调节颜色以模拟日落。完美的全局照明（GI）为每个隐秘处、角落和缝隙填充丰富的光影。你需要支付的是时间。即使是只有一些基本图元的简单场景也需要几秒来渲染，而大多数真实场景需要几分钟到几小时。为了实现实时帧速率，我们只有几十毫秒的时间来渲染 1 帧。

通过限制光照可以做什么和不能做什么，已经可以实现巨大的性能收益。这些限制起初可能难以应付，但是了解期望是什么及你能做的和不能做的之后，可以避免一些代价高昂的错误。

4.3　理解光源的移动性

放置在关卡中的每个光源和网格体对象都有一个 **Mobility** 参数。UE4 中光源的 3 种移动性模式是 Moveable（可移动）、Stationary（固定）和 Static（静态）。每种状态都有特定的功能和限制，在照亮场景时必须仔细考虑。

4.3.1　可移动光源

顾名思义，如果你想移动一个光源或网格体，那么你就需要把它们创建为**可移动的**。谨慎使用可移动光源。尽管 UE4 可以同时呈现数百个没有阴影的可移动光源，但是它们是 UE4 中最耗费性能的效果之一，尤其是在它们投射阴影时。

阴影

可移动光源可以直接产生光照，将阴影投射到可移动和静态网格体上，以及从可移动的静态网格体投射阴影。这非常重要。如果你的场景中几何体需要是动态的（例如，有大量移动的人、汽车，或者移动和变化中的场景几何体），将需要依赖可移动光源。

对于动态光源，阴影是昂贵的[1]，因此请谨慎使用它。光源的半径越大，渲染的成本就越高，还需要为更多的 Actor 生成阴影。

1　"昂贵"这个词通常用于描述一个效果造成的性能损失。每一帧通常被认为具有特定的"预算"，每个光源、多边形和阴影具有针对该预算的成本。

动态阴影的分辨率比较低，一般来说边缘非常分明，无法像预计算的静态阴影一样获得边缘柔和的阴影（参见图 4.4）。

图 4.4　可移动光源同时在动态对象和静态对象上投射的动态阴影
（不受全局照明的影响）

全局照明

可移动的光源不会影响全局照明（GI）。一些第三方插件及其组合可以实现这一点，但这些插件的使用和组合超出了本书的范围。

镜面反射

可移动光源直接影响表面的镜面反射。这为 PBR 表面提供了漂亮的高光，并且可以帮助你的材质真正地脱颖而出。

4.3.2　固定光源

作为 UE4 光照家庭中间的"孩子"，固定光源同时使用了静态和动态光照路径创建光源，它无法移动，但是可以投射动态阴影，并且可以实时调节颜色和强度。它们可以影响全局照明，但是改变光源的强度只能影响定向光源层面，不能影响存储在光照贴图中的静态全局照明光照。

固定光源对于静态照明场景非常有用，因为它们可以添加细节并允许动态 Actor 投射动态阴影。但是，你必须小心使用它们，以避免造成严重的性能损失。

阴影

静态网格体产生的和投射到静态网格体上的阴影，会通过 Lightmass 烘焙到阴影贴图中，但是可移动对象的阴影和光照是动态计算的（参见图 4.5）。

虽然固定光源可以左右逢源，但这种"魔法"存在严重的局限性。每个静态照明网格体 1 次只能受到 4 个固定光源的影响。

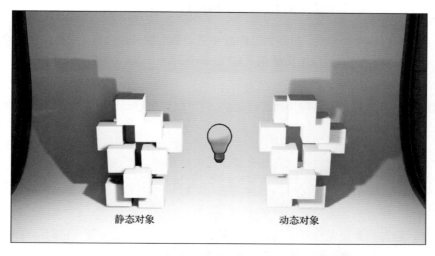

图4.5 左边是固定光源在静态网格体上使用静态阴影贴图的阴影，右边是固定光源在动态网格体上的动态阴影

如果超过 4 个固定光源影响单个网格体，则额外的固定光源将转变为具有动态阴影的可移动光源，还伴随有极大的性能损失。

为了避免这种情况，UE4 会在编辑器视口中通过描述性图标向你发出警示，并且在你构建（build）光照时发出警告。

你可以通过在编辑器中选择适当的视图模式来预览固定光照贴图覆盖（Lightmap Overlap）。在图 4.6 中，4 个聚光灯 Actor 都被设置为固定的，作为定向光源的太阳光从窗户照射进来。额外的聚光灯无法作为固定光源渲染，而是作为更昂贵的可移动光源进行渲染。

图4.6 左侧的固定光源覆盖（Stationary Light Overlap）视图模式

全局照明

固定光源能够影响全局照明，但是如果你改变了光源的颜色或强度，全局照明不会随着改变。你可以使用光源 Actor 属性中的 **GI 贡献值**（GI Contribution value）来控制全局照明的总量。

镜面和反射

因为固定光源的定向光源组件是动态渲染的，它可以像可移动光源一样产生表面的镜面高光。

> **贴士**
> 固定光源可以为你的静态照明可视化提供完美的阳光。

4.3.3　静态光源

顾名思义，静态光源是完全静态的。它们完全不能实时移动或改变。它们所有的光照和阴影信息都被烘焙到材质中。静态光源仅在 Lightmass 全局照明系统中使用。

> **说明**
> 静态光源广泛用于建筑可视化，因为建筑可视化中光照的质量比灵活性更重要。你可以在场景中拥有基本上无限数量的静态光源，因为在 Lightmass 将光照信息烘焙到光照贴图后，静态光照路径的渲染成本是固定的。

阴影

静态光源使用 Lightmass 渲染**光照贴图**，也就是包含光照和阴影信息的纹理。正因为此，静态光源不能直接对动态对象产生光照或阴影（参见图 4.7）。

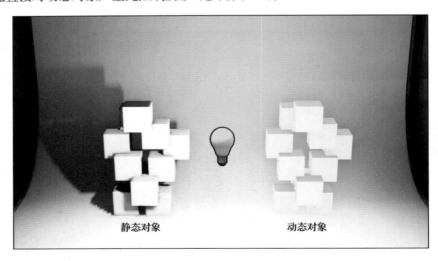

图4.7　静态光源在静态网格体上的阴影，利用了烘焙的
光照贴图（左）；动态网格体上没有阴影（右）

你可以通过改变光源 Actor 的 Light Source Radius 属性，来调整静态阴影的柔和度。只有当光照渲染到 Lightmass 时，你才能看到效果。

全局照明

同样，在使用 Lightmass 构建你的光照之前，你无法看到任何全局照明效果。静态光源也把直接的照明强度和全局照明信息存储在光照贴图中。

镜面和反射

静态光源不投射镜面高光。然而，它们很好地受到了反射捕捉系统（Reflection Capture System）的支持，该系统使用预捕捉 HDR 立方体贴图（Cube Map）将镜面反射应用于 PBR 材质。

4.4 实时反射

对于实时图形来说，反射长期以来一直是最受追捧但难以实现的视觉效果之一。已经有数以百计的技术和技巧被用来尝试模仿光线跟踪反射的外观和质量。

反射对于 PBR 系统的运行至关重要。在没有场景反射的情况下，材质会失去深度，并且不得不依赖直接的镜面高光来表现表面信息。这会产生塑料感的光滑外观，使我们很容易就能联想到计算机图形。

反射是光线跟踪最擅长的，但是速度非常慢，特别是当对那些反射做模糊处理时。UE4 是怎么做的呢？基本上靠"伪造"。

UE4 场景中的反射主要有两种，反射捕捉 Actor 生成的静态立方体贴图，以及屏幕空间（Screen-Space）的反射后期处理效果。两者都自动应用于材质并会进行适当的调整。这对创作材质和光照场景有帮助，因为你不必像以前的游戏引擎或其他渲染器那样专门为场景定制材质。

4.4.1 反射探头

UE4 使用被称为反射捕捉 Actor（Reflection Capture Actor）的**反射探头**，将其手动放置在场景周围以创建大多数表面反射。这些探头采集其周围环境的高动态范围（HDR）立方体贴图，并将其应用于任何进入其半径的材质。

它们还能影响动态和静态网格体上的环境光照明，使其成为高质量光照的基础。

反射捕捉 Actor 无法在运行时以任何方式更新。

4.4.2 后期处理反射

屏幕空间反射（Screen Space Reflection，SSR）是一种惊人的后期处理技术，它使用 G-Buffer 信息重建已经渲染到 2D 场景的反射。它有一些严格的限制，如导致抖动噪声和无法显示屏幕外的信息，但它确实提供了锐利的动态反射，在大部分时间其看起来棒极了，并且渲染成本相对较低。但是，在 4K 显示和 VR 等较高分辨率下，SSR 可能会成为性能问题。如果你遇到性能问题，有一个很好的选择，那就是尝试先把它关闭。

4.5　后期处理

UE4 在很大程度上依赖于后期处理，从抗锯齿（Anti-Aliasing）、反射，到环境光遮蔽（Ambient Occlusion），再到运动模糊（Motion Blur）等。

对于传统渲染可视化，通常在视频编辑或效果软件包（如 After Effects 或 Nuke）中将这些效果应用到渲染帧。

在 UE4 中，你可以实时应用后期处理效果（Post Process Effect），在名为 **Post Process Volume** 的场景 Actor 或摄像机 Actor 的 Post Process 设置中定义它们。这些设置会对场景的外观和质量产生巨大影响，并且它们在使可视化效果尽可能完美的过程中非常重要（参见图 4.8 和图 4.9）。

图 4.8　UE4 场景，除了色调映射（Tone Mapping）外，没有应用后期处理

图 4.9　UE4 场景，使用了大量后期处理，如泛光（Bloom）、环境光遮蔽（Ambient Occlusion）、屏幕空间反射（Screen-Space Reflection）和抗锯齿（Anti-Aliasing）

这些设置可以使用优先级系统继承并相互覆盖，并且可以从一个到另一个无缝地混合。

UE4中的后期处理效果是显示在屏幕空间中的，这意味着它们仅存在于屏幕上呈现的像素中。它们不能对任何未直接渲染的东西产生效果或做出反应。

4.5.1　抗锯齿

抗锯齿是最慢的渲染操作之一。多数渲染器使用超级采样（Super-Sampling）或多重采样（Multi-Sampling）的形式（使用更高的分辨率渲染单个像素，以更准确地计算颜色的平均值，使边缘光滑）。这种方式在实时环境中真的太慢了，因为渲染每个像素都会降低帧率。

UE4使用定制的时间混叠抗锯齿（Temporal Anti-Aliasing，TAA）系统，能够产生几乎完美的抗锯齿图像，代价是有些图像显得比较锐利，以及运动中可能产生一些不自然的重影[1]。TAA从连续的多个渲染帧中取样，进行比较后创建平均图像。

还可以使用效果稍差的FXAA（Fast Approximate Anti-Aliasing，快速近似抗锯齿）屏幕空间抗锯齿效果。虽然FXAA好过没有抗锯齿，但是通常由于太粗糙而无法用于可视化。

TAA的柔和效果与其他后期处理效果结合使用可以帮助你的图像获得逼真的外观，并提供最高的整体质量（参见图4.10）。

图4.10　抗锯齿方法比较，显示了边缘质量的变化

4.5.2　泛光、辉光和镜头眩光

由于大多数显示器无法显示超过1的亮度，**泛光**（Bloom）效果的开发是为了使过亮的像素产生泛光或**辉光**（Glare）效果，以帮助增加图像的表现动态范围。泛光是非常有效的，因为它模拟了摄像机镜头的效果，以及当我们的眼睛暴露在非常明亮的光线下时的效果。

镜头眩光（Lens Flare）模拟了摄像机在高度反差的照明条件下拍摄时捕捉到的穿过镜头的反射效果。

UE4使用一个线性的工作流程渲染场景，并使用该信息来确定照明，以创建高质量的镜面

1　重影通常发生在帧与帧之间高频率变化或者有噪声的区域。避免场景中的噪声有助于隐藏这个不自然的现象。

泛光和镜头眩光。如果谨慎地使用这些效果，可以帮助突出场景中的 HDR 光照并提高可视化的质量。

4.5.3　眼部适应（自动曝光）

一种电影和游戏中常用的效果是，在摄像机进入和离开昏暗和明亮区域时调整曝光。这会产生惊人炫目的光照效果，而且在传统渲染可视化中通常很难实现（参见图 4.11）。

图 4.11　当光源强度改变时，通过使摄像机过度曝光来产生戏剧化的效果

UE4 具有高动态范围渲染功能，允许在一个场景中同时存在非常阴暗和非常明亮的区域。当玩家从室内移动到室外时，他的视图将平滑地调整亮度，模拟人眼和 / 或摄像机使用自动曝光。

4.5.4　景深

景深（Depth Of Field，DOF）是另一种大多数光线跟踪渲染器非常耗费渲染时间的效果，但是却可以在 UE4 中实时获得这种效果（参见图 4.12）。

图 4.12　物理校正景深，使用了圆圈景深

UE4 中存在几种不同类型的景深：高斯（Gaussian）、散景（Bokeh）和圆圈（Circle）。

高斯

高斯景深很快，但有很多不自然的痕迹。有点模糊、不真实，而且物理上不精确。

散景

散景同样模糊而且不精确，但是由于包含了高对比度像素的散景（光圈遮罩）形状，因此看起来比高斯景深更好。每个散景形状都是为每个像素渲染的粒子，比阈值更亮。因此，渲染这种效果会变得非常昂贵。

圆圈

圆圈景深是一个相对较新的功能，Sequencer 和电影摄像机可以充分利用相机光圈和视野来实现物理上精确的景深。

这个效果速度很快，可以为你的图像提供逼真的电影级效果。你几乎可以在所有可视化项目中使用它，而且渲染成本可达到最低。

4.5.5　电影效果

电影和视频都有很多像素间噪声和其他镜头效果，例如虚光（Vignette）和色差（Chromatic Aberration）。UE4 提供了丰富的电影后期处理调整和效果，帮助你实现逼真或风格化的外观，而且几乎不会影响性能。

4.5.6　运动模糊

运动模糊是另一个传统光线跟踪中非常昂贵的效果。跨越时间和空间对对象执行插值操作本身就很慢。后期处理又有了用武之地。UE4渲染了速度信息的G-Buffer，它可以产生非常高质量却非常快的运动模糊效果，可应用于整个场景和运动中的对象（参见图4.13）。

图4.13　高质量运动模糊

4.5.7　屏幕空间环境光遮蔽

屏幕空间环境光遮蔽（SSAO）是电子游戏引擎最重要的图形技术之一，也是几乎所有3D游戏引擎都使用的技术之一。SSAO的创建使用深度和世界法线的G-Buffer来确定边缘和对象靠近的位置，渲染出AO图并实时在每帧中进行合成。

在具有动态光照的场景中，SSAO提供了巨大的视觉提升。对象获得接触阴影，使它们像是连接于所在的表面，并且极大地增加了阴影区域的深度。虽然SSAO不能替代光线跟踪或预计算的AO，但它是一个巨大的进步。

4.5.8　屏幕空间反射

通过对基于G-Buffer信息（如世界法线和深度）渲染得到的图像进行变换和扭曲，UE4可以生成一种伪造的，但外观漂亮、渲染快速的反射效果。

屏幕空间反射作为反射捕捉Actor的补充，可以提供动态、高清晰的反射效果（参见图4.14）。这有助于为对象打好基础，并且提供了最准确的外观和动态反射。

与所有其他屏幕空间效果一样，这些反射无法呈现屏幕外的任何内容。这使得当你在场景中移动时，可能会产生一些过渡瑕疵和其他奇怪的效果。是否使用它们是艺术层面的选择。

图 4.14　锐利的屏幕空间反射与来自反射捕捉 Actor 捕捉的立方体贴图反射一起协作

4.5.9　屏幕百分比

虽然 UE4 没有提供多重采样或超级采样的抗锯齿 [1]，但是它提供了类似的功能。UE4 具有非常高质量的图像缩放能力，能够以任何分辨率进行渲染，不受屏幕约束。

屏幕百分比控制了屏幕上的每个像素需要渲染多少像素。例如，100% 是 1 ：1 的比例；80% 表示渲染像素减少到 80%；140% 是增加了 40%。你可以以两种方式使用此设置：降低图像的分辨率，实现能够在较慢的机器上运行更图形密集的场景；或者提高分辨率，超出屏幕分辨率，通过缩放返回非常清晰的图像。通过将屏幕百分比与 TAA 相结合，你可以获得接近光线跟踪的非常清晰的图像质量。

随着项目分辨率的提高，使用屏幕空间效果变得越来越慢。高分辨率显示器上的用户受到这项设置的影响更严重。

4.5.10　后期处理材质

UE4 将渲染和合成最终图像所使用的 G-Buffer 公开到材质编辑器中。在 UE4 中，可以利用与引擎其余部分也使用的材质编辑器和材质实例化系统，创建自定义的后期处理效果，从而扩展 UE4 的渲染功能。

范围可以从简单的如创建自己的虚光系统，到复杂的如编写自己的卡通渲染和勾边效果（参见图 4.15）。由于材质编辑器的灵活性，只有天空才是你的极限。

1　UE4 提供了一个前向渲染管线，通过延迟渲染管线（如动态光照）的收益来换取使用 MSAA（多重采样抗锯齿）的能力。

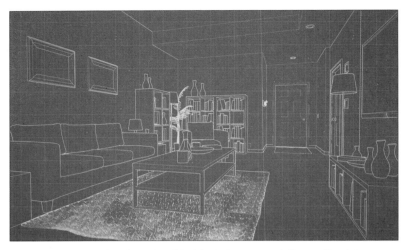

图 4.15　使用后期处理材质完全改变 UE4 渲染场景的示例

虽然被称为后期处理效果，但它们实际上是在你运行项目时发生的，而不是之后。对它们的渲染是在每帧的最后，下一帧正要开始渲染时。它们实时运行，对动态变化的场景和视点做出反应。

后期处理效果可以使你的场景看起来像艺术系学生的第一项照片编辑任务，华而不实的泛光、虚光和镜头眩光占据了整个画面。如果聪明地使用它们，它们也可以展现出最接近电影的和最真实的外观。

4.6　总结

UE4 具有可用的最强大的渲染系统之一。真实性和易用性简直无与伦比，而且质量说明了一切。大部分系统都基于你多年来一直使用的技术和系统，它们既熟悉又易于理解。

PBR 引入了一种全新的方法来看待和定义材质表面，这种方法对艺术家友好而且看起来很棒。与数量众多的光照技巧和工具相结合，你可以实时地实现接近光线跟踪技术的图像。

第5章

材　质

　　UE4中的材质就像可视化程序，在场景中的每个像素（像素着色器）和顶点（顶点着色器）上运行。通过可视化的材质编辑器，只使用少量参数和纹理，你就可以创建许多令人眼花缭乱的表面。由于PBR，即使非常简单的材质也能有使人赞叹的外观。随着技能的提高，你可以将那些材质作为基础，使其更加灵活和动态，并融入交互性和可编程性。

5.1　材质概述

材质是创建有说服力的互动内容的最重要元素之一。材质定义了场景中每个像素对光、阴影和反射的反应。

创建实时场景的材质可能与在 3D 应用程序和渲染器中创建材质非常不同。与大多数 UE4 的工作流程一样，材质的工作流程以交互性和性能为中心。

UE4 具有所见即所得的实时材质预览功能，以及有能力在每个像素点和每个顶点的基础上对材质编程（通过可视化的材质编辑器），以确定材质的行为方式。得益于 UE4 的交互性，你还可以获得材质外观在场景内的即时反馈（参见图 5.1）。

图 5.1　UE4 中的材质预览

5.1.1　创建材质

材质在 UE4 中属于资源，就像网格体和纹理一样，存储在 Content 文件夹中。它们只能在编辑器中创建，而且无法在材质编辑器之外编辑。材质编辑器是一个基于节点的可视化脚本编辑器，通过一个简单的、对艺术家友好的界面，使你可以制作性能极高的高级着色语言（HLSL）着色器。

要创建新的材质资源，可在内容浏览器中单击鼠标右键，然后在弹出的上下文菜单中选择 Create Material，或者单击内容浏览器中的 **Add New** 按钮并从显示的菜单中选择 Material。

5.1.2 应用材质

有多种方式可以将材质应用于网格体：从内容浏览器拖放到场景中的网格体上；通过静态和骨骼网格体编辑器；或通过 Object Property 对话框。

你可以选择最适合你的方法，但我强烈建议你使用静态和骨骼网格体编辑器将材质直接应用于资源（而不是它们在场景中的引用）。这样可以确保在每次将网格体放入关卡时能应用正确的网格体。

5.1.3 更改材质

运行时更改材质是 UE4 可视化艺术家工具箱中必不可少的工具。材质编辑器的灵活性无与伦比，你能够创建近乎无穷多的视觉效果，为场景赋予生命、交互性和真实感。

蓝图（Blueprint）提供了在运行时动态设置材质参数的能力，可以为材质添加逻辑和交互性，从而进一步增强了这种灵活性。

5.2 虚幻引擎 4 材质编辑器

虚幻引擎的材质编辑器有点像聚集工程学的魔力与用户界面的光彩来创造一种对艺术家友好的方式，用于制作复杂的像素和顶点 HLSL 着色器，而不需要你编写一行代码。

使用可视化脚本风格的可视化编辑器，你可以通过材质表达式（Material Expression）节点网络来构造材质。每个节点代表了 HLSL 代码的一个片段，当你连接它们时，引擎会在后台写入 HLSL 代码。你可以在材质编辑器中预览这些代码，以实时查看正在写入的代码是什么样的。

编辑器的可视化特性使它易于理解和使用，PBR 渲染使创建具有说服力的材质变得非常简单。你还可以创作复杂、动态的交互式材质，其中包含栅格化（Tessellation）、视差遮蔽映射（Parallax Occlusion Map）、顶点变形（Vertex Deformation）和动画等高级技术。

5.2.1 打开材质编辑器

你只能通过在内容浏览器中双击一个材质资源来使用材质编辑器。如果你的项目中没有材质，那么需要按照前面"创建材质"一节中的说明来创建材质。

5.2.2 编辑器 UI

材质编辑器常用的菜单栏和工具栏都是大多数 UE4 编辑器共通的（参见图 5.2）。你还可以在一个视口中看到材质的实时预览，以及一个动态的 Details（细节）面板，为选定的表达式节点提供可用的参数和选项。Palette 面板显示了一个可用表达式的列表。

中间是**图形编辑器**（Graph Editor）。这里就是魔力之源。每个材质都有一个基础材质节点。这个节点具有对应材质每个方面的输入，可以通过将其他节点连接到这些输入来修改它们。

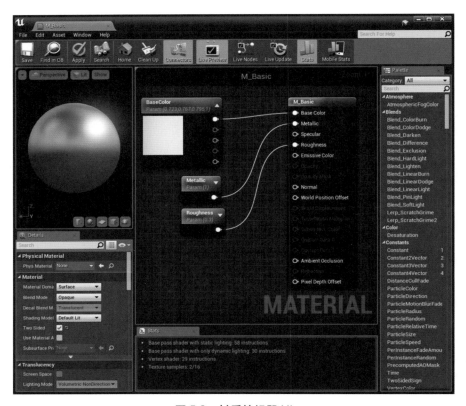

图 5.2   材质编辑器 UI

5.2.3   放置节点

有几种方法可以将节点放入图形视图中。最明显的是 Palette 面板。从那里，你可以轻松地将表达式节点拖放到图形编辑器中。

你还可以在图形编辑器中用鼠标右键单击空白区域，打开上下文 Palette 面板，提供对可用表达式的访问。

有许多表达式可以用于创建材质。在两个 **Palette** 面板中，你都可以很方便地通过 Search 字段按名称过滤节点，以快速缩小搜索范围。

5.2.4   使用预览视口

预览是材质编辑器最好的功能之一。你可以立即获得几乎每次对材质进行修改的反馈，也可以获得基于时间的效果的实时反馈，例如平移纹理和涟漪波纹。

预览视口是一个活动游戏视口，具有所有相同的后期处理和渲染功能。这意味着你将看到与项目中的材质外观完全一一对应的表现。

预览视口还允许你选择标准基本体（如立方体和球体）来预览材质。你还可以加载自己的自定义网格体：先从内容浏览器中选择所需的网格体，然后单击材质编辑器预览视口中的茶壶图标。

默认的预览网格体高度为 500 厘米，因此开始可能很难看到更大或更宽的网格体。如果你在查看网格体时遇到问题，可以在视口处于活动状态时按 F 键，使网格体在视图中居中显示并缩放到适合视口的尺寸。

请注意，材质使用的是轨道摄像机，与典型的视口摄像机略有不同。只需单击并拖动鼠标即可围绕对象旋转，使用鼠标滚轮可以执行放大和缩小操作。如果需要更改光线角度，按住 L 键的同时用鼠标左键拖动。

尽管预览视口提供了对材质的精彩预览，但你应该始终在场景中对其进行测试，因为光照、后期处理等方面的不同会影响材质的外观。

5.2.5　编译着色器

在编辑器中放置和连接节点时，你将实时看到预览视口更新。预览会在你进行更改时非常快速地重新编译。你会注意到，场景中使用了材质的网格体没有发生变化，直到你单击工具栏中的 Apply 按钮来编译材质。你还可以使用 Save 按钮保存材质，可以在需要时进行强制编译。

编译将创建 HLSL 代码并缓存针对特定平台硬件的着色器（Shader），用于在场景中显示网格体上的材质。这个步骤是必需的，因为某些材质的编译时间可能需要 1 分钟以上，这取决于它们的使用方式和它们包含的材质参数数量。

如果需要将材质应用于不同种类的网格体（静态、骨骼、粒子、植物、地形、实例化网格体等），会增加材质所需的着色器排列数，从而增加编译时间。

当材质正在编译或者存在错误时，应用于场景中网格体的材质会显示默认的灰色材质。编译之后注意观察材质编辑器，确保没有错误。如果有错误发生，错误信息会显示在材质编辑器的 Output 窗口中。

5.2.6　保存

注意，事情还没完！保存材质！看到你的材质应用于场景后可能会让你误以为它们已被保存。编译操作不会保存你的材质，你必须手动保存你的材质（保存之前会编译着色器）。

5.3　虚幻引擎的材质如何工作

UE4 材质是 PBR 渲染管线的扩展，并且紧密集成到了光照和反射管线中。材质定义了世界中每个表面对光照、反射和阴影的反应。

5.3.1　像素和顶点着色器

理解虚幻引擎的材质如何工作，首先需要理解像素和顶点着色器是如何用于渲染图像的。它与大多数图像的渲染方式类似，但与渲染硬件（你的 GPU）的集成更紧密，材质更容易开放硬件接口。

每帧在渲染时，首先会通过一个顶点着色器。这个着色器将场景中的顶点转换到 3D 空间，指定材质，准备场景供像素着色器使用。在这里，*UV* 坐标被转换和旋转，位移和栅格化被应用，还有其他顶点和几何体层面的计算，这些会在发送到像素着色器之前执行。

在通过了顶点着色器之后，由像素着色器逐个像素地渲染图像。在渲染每个像素时，通过顶点着色器提供信息，例如表面法线方向、*UV* 坐标及渲染像素所需的材质和纹理数据。

像素着色器使用这些信息采样纹理，进行数学运算，然后返回一个线性的 HDR 像素值。在完成了 1 帧中所有像素的渲染之后，图像被传递到后期处理管道，进行色调映射（Tone-Mapped）及其他效果的应用。该图像就作为最终图像呈现在屏幕上了。

5.3.2　材质是数学

你很快就会注意到，材质编辑器中的大多数材质表达式节点都是数学术语。表达式几乎包含了所有常见的数学运算：加法、减法、正弦函数、平方、幂运算等。

每个材质的核心是一个复杂的数学表达式。基于光照方向、世界坐标和方向、像素的 *UV* 坐标、顶点颜色等输入，通过加法、减法或进行其他方式的调整得到像素颜色值。

颜色作为数字

你可能不习惯在日常工作中考虑图像背后的数字。对于大多数艺术家来说，RGBA 纹理意味着具有透明度的彩色图像。对于 UE4 艺术家，RGBA 图像通常表示可以访问和修改的 4 个灰度值。

这个概念可能看起来令人困惑，但这就是你多年来一直在 Photoshop 和其他图像编辑软件中工作的方式。像"相加""相乘"等图层操作都是像素的数学运算，UE4 只是更直接地显露了这一点。

线性颜色

UE4 中的材质在内部以浮点数方式渲染，因此尽管纹理每个通道的值可能会被限制在 0 ~ 255，但渲染的材质可以具有 0 ~ 1 和更高的浮点数。任何对于数字可能执行的操作，同样适用于材质编辑器。

但是，你的显示器可能无法显示亮度在 0 和 1 范围之上或之下的信息。例如，一个低于 0 的颜色值只渲染为黑色，而一个高于 1 的颜色值渲染为白色（可能应用了某种泛光的后期效果）。

法线贴图

没有什么比法线贴图更能说明"材质是数学"了（参见图 5.3）。法线贴图是存储在每个像素中的 3D 矢量（*X*、*Y*、*Z* 方向值），作为红色、绿色和蓝色值，*XYZ=RGB*。引擎使用此信息，修改每个像素在表面上的世界空间方向，以改变它对周围光照环境的反应。

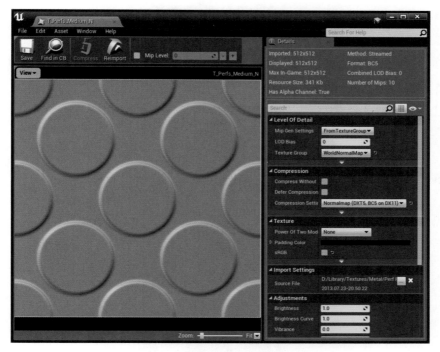

图 5.3 法线贴图存储方向数据

在图 5.3 中，紫色是中性法线，渲染时完全不会修改像素法线。红色通道修改 X 方向，绿色通道修改 Y 方向。

> **说明**
> 你是否注意到 UE4 及许多其他 3D 应用程序中的变换组件（Transform Gizmo）使用红色表示 X 轴、绿色表示 Y 轴、蓝色表示 Z 轴？$RGB = XYZ = UVW$。
> 这些值是可以互换的，而且可以被材质视为通用的数字数组，并且可以直接像这样进行估算。

每个像素在渲染时，该位置的法线贴图的值实际上是被加到（+）模型表面的切线空间顶点法线（由顶点着色器返回）上，然后返回一个新法线，因此在应用光照后返回一个不同的颜色。

> **说明**
> 由不同应用程序生成的法线贴图结果会有略微的不同，可能需要一些调整。例如，Maya 输出的法线贴图绿色通道与 UE4 的标准是相反的。这个问题很容易解决，只需要在材质编辑器对话框中设置 Flip Green Channel 选项为 true。

像所有的数据类型的贴图一样，存储法线贴图时不要使用 sRGB 修正。

打包蒙版纹理

就像你可以将透明度蒙版（Mask）存储在纹理 Alpha 通道中一样，UE4 有一项常用的技术是，利用其他 3 个通道（RGB）来存储 3 个额外的蒙版，而不是颜色信息（参见图 5.4）。

图 5.4　一幅 RGB 图像包含了 4 个蒙版，为了方便，分别将其命名为 RGB 和 A

在图 5.4 中，每个文本图层只进行了简单的相加。虽然合成的图像没用，但有 4 个清晰的灰度图像。

因为每个蒙版的取值只需要介于 0 和 1 之间，因此减少纹理读取和内存开销的常用方法是，将多个蒙版纹理组合成一个 RGBA 图像。这意味着可以在一个单独的纹理中有 4 个蒙版。制作时可能会有一点困难，但可以减少内存占用并有助于提升复杂场景和材质中的性能。

现代 GPU 原生的渲染能力，以及大部分可视化相对轻度的内存和纹理需求，意味着在多数情况下并不需要这项技术。但是，对于长期或非常庞大的组织良好的项目，打包纹理可以节省大量内存和渲染时间。

> **说明**
>
> 数据类型的纹理（如蒙版和法线贴图）应该不使用 sRGB 的 Gamma 校正。应该在 UE4 中确保此选项被设为 false。

5.3.3　材质函数

你会经常想要在材质中创建可以在其他材质中重复使用的功能。材质函数允许你将材质代码网络打包成资源，然后可以将其作为表达式节点添加至项目中的任何材质。

通过添加输入和输出，材质函数可以处理数据并返回转换后的数据。常见的功能可能会像获取几个颜色输入后返回它们的平均值一样简单，或者像应用栅格化波浪到海洋表面一样复杂。

函数甚至可以返回整个材质定义，包括纹理和其他参数和值。通过将两个函数放入一个材质中，你可以使用蒙版将它们混合在一起，以确定每处该使用哪个函数渲染，从而使材质图形编辑器代码保持清晰、可读。

5.4　表面类型

UE4 材质使用几种不同的"表面域"或表面类型。每种类型都是与其他类型完全不同的渲染代码库，并且通常具有截然不同的功能和参数。

理解何时和为什么使用每种类型与理解如何使用它们一样重要，而且可能更难理解。

5.4.1　不透明的

不透明（Opaque）材质构成了绝大部分项目中使用的材质。不透明材质，你猜对了，是不透明的！你永远不会看到一个不透明像素背后的像素。它不会被渲染。

不透明材质是最有效的、有完全光照的和最稳定的材质。对大多数材质都会使用不透明材质。

5.4.2　蒙版的

蒙版的（Masked）材质与不透明材质类似，但是通过在材质上应用 1 位不透明度蒙板的形式，可以获得某种形式的透明度。这意味着它们可以是完全不透明的，也可以是完全透明的，通过一个鲜明的边界区分。

蒙版的材质看起来很棒，几乎与不透明材质一样渲染快速，但在透明的地方可能会有严重的过度描绘[1]。蒙版的材质最常用于 UE4 中的植物，可以有非常高的照明质量，同时提供了一定程度的透明度。

5.4.3　半透明的

半透明（Translucent）材质使用与 UE4 中的大多数材质完全不同的渲染路径进行渲染，并合成到最终图像上。这对它们在场景中的使用提出了一些挑战。

半透明表面接收非常粗略的光照信息，并且其在物理上是不精确的。它们主要用于烟雾和火焰等效果，你也可以用它们制作玻璃、水和其他半透明表面，但是在光线跟踪渲染器中它们永远无法接近这些材质的质量。

不透明度

当你将材质设置为半透明时，不透明度（Opacity）输入会启用。这个输入采用一个 0~1 范

1　过度描绘（Overdraw）是在一个像素中渲染了不止一个表面。当渲染一个不透明表面时，它后面的对象不会被评估，所以只有那一个像素被渲染。透明的表面除了渲染自己外，还必须渲染后面的所有像素，这增加了渲染该像素的复杂度。

围的值，决定了这个表面将与后面的像素有多大程度的混合。不透明度为 1 的表面看起来不透明，但仍然会渲染后面的像素，从而导致过度描绘并影响性能。

折射

半透明材质可以使用**折射**。这个效果是屏幕空间效果，在 UE4 中受到限制，但如果谨慎使用，可以为场景中的透明表面添加许多视觉效果。

折射使用像素的屏幕法线，并通过法线方向乘以折射量来偏移其背后的像素样本。有一点违背直觉的是：1.0 表示没有折射，0.9 使像素扭曲 -10%，1.1 是 10% 的扭曲。

在大多数情况下，0.95 和 1.05 之间的值足以获得逼真的扭曲效果。

5.5　材质实例

动态、可管理材质的关键是**材质实例**（Material Instance），即具有继承性的轻量级实例版材质，这个继承性与编程语言中子类与父类的关系不同（参见图 5.5）。

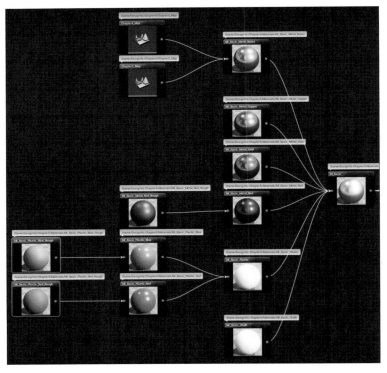

图 5.5　继承图显示各个材质实例以一个材质为父节点（最右边的 M_Basic）

在修改材质实例时不需要完整材质那样的编译过程。通过在材质中使用**材质参数**（Material Parameter），你可以在编辑器中和项目运行时动态更新材质。

在编辑场景时修改材质实例的属性，可以为场景的外观提供惊人的实时反馈。当你完善材质的设置时，可以看到它们在场景中立即获得更新，而且应用了最终光照和后期处理效果。

5.5.1　材质参数

参数是材质中开放给材质实例的特殊输入节点，其可以是颜色（向量）、纹理或仅仅是缩放值（浮点数）。这些在材质实例编辑器中显示为单行项目，可以被覆写，可以从父材质中继承属性。这样就可以制作能被广泛重用和修改的材质。

5.5.2　继承

在上层来看，材质实例是轻量级实例或材质的引用副本。它们无法使用材质编辑器进行编辑，而是使用双击材质实例资源时打开的专用材质实例编辑器进行编辑。

材质实例从它们的父材质或父材质实例继承所有的参数值。

这意味着两件事：当你修改实例的一个属性时，其父材质始终不受影响；如果修改父材质，则该材质的所有子实例都将获得更新。

你还可以创建其他材质实例的实例，从而创建复杂的材质继承链。如果你无法确定制作“实例的实例”的确切原因，这可能会变得令人无法应对和非常混乱。在走这条路之前，一定要有一个好计划。仅复制一个实例并修改单个属性，通常比创建过多的“实例的实例”更好。

5.5.3　覆写参数

覆写实例中的材质参数可以使实例具有与其父材质不同的值。你必须勾选属性旁边的复选框，以明确地定义要覆写的属性，这样才能对其进行编辑。当这些值被修改后，该实例的所有子实例也将更新。

5.5.4　组织

每个参数都有一个可以设置的组（Group）值。该设置用于组织材质实例编辑器的参数列表。没有设置组的参数将放入默认组（Default Group）。

当有材质包含了许多参数时，养成为材质的输入分配组的习惯很重要，否则它们很容易变得混乱且难以使用。

5.5.5　主材质

使用材质实例，完全可以创建一个单独的材质，用以处理项目中每个表面类型。虽然这看起来似乎是一个好主意，但是有更好的理由为各种表面和 Actor 类型创建多个主材质（Master Material）。

例如，你可能不希望使用相同的主材质来处理渲染木地板和渲染蜡烛上飘动的烟雾。

虽然理论上你可以创建一个具有足够参数来处理所有可能性的单一材质，但是只用单一材质将带来问题，因为引擎需要创建非常多的着色器排列来处理着色器的复杂性，这会产生很长的编译时间和巨大的着色器缓存。

创建尽量简单的主材质，确保在它产生最大可能数量的变化时不会被压垮。

5.6 一个简单的材质

你可以使用非常简单的材质在 UE4 中实现高质量和多样化。在本节中，你将看到如何使用材质实例的参数设置简单材质。然后我们将着眼于构建一组这样的实例，演示如何仅仅通过几个参数创建各种各样的表面。

图 5.6 显示了 UE4 中最基本的材质设置。只有名为 Base Color 的向量参数（RGBA）、名为 Metallic 的标量（浮点数）和另一个名为 Roughness 的标量已经放置在材质图中。它们被连接到相同名称的输入。

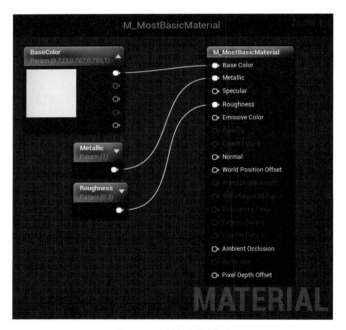

图 5.6　最基础的材质

5.6.1 放置参数节点

通过在节点面板中搜索 "Parameter" 一词，可以看到所有可用的参数表达式节点。有很多可用的节点，但我们只需要使用 Scalar 和 Vector 类型参数来制作这个材质。

当创建一个参数时，需要为其提供一个名称和默认值。如果需要组织很多参数，你也可以为每个参数分配一个组。

然后只需要从每个参数的输出节点拖出一根引线，并将其连接到另一个参数上的相应输入节点（在这种情况下，就是材质的材质属性输入节点）。

当你向材质添加更多节点时，将会发现有时你希望将一个静态值（如纹理样本或一个标量值）转换为参数。通过使用鼠标右键单击某些节点类型（如向量、纹理和标量材质节点），然后选择 **Convert to Parameter**，就可以快速转换为静态和动态参数，反之亦然。

你还可以使用快捷键放置许多节点。按住特定键，例如 **T** 键，然后单击，可以创建一个纹理参数节点；按住 **S** 键并单击，可以放置一个标量参数；或按住 **V** 键并单击，可以放置一个向量参数。

使用这 3 个简单的参数，你可以创建大量的材质实例。即便是这些简单的材质，在 UE4 中看起来也非常出色，符合光照的物理定律，正如 PBR 所要求的那样。

5.6.2　制作材质实例

制作材质实例可以通过几种方法完成。创建材质实例的一种方法是在内容浏览器中使用 Add New 按钮或右键菜单，然后从 Materials & Textures 组中选择材质实例。随后，你需要打开这个资源并手动指定其父材质。

更简单的方法是，用鼠标右键单击要创建实例的材质，然后从上下文菜单中选择 **Create Material Instance**。这将创建一个新实例，为其命名，并且帮你指定父材质。

在你的材质实例指定了父材质之后，可以看到细节面板（Details Panel）中列出了材质中定义的参数（参见图 5.7）。勾选属性旁边的复选框会声明它被覆写，现在实例将不再使用父材质中定义的参数，即使在父材质中更改了该参数也是如此。你可以在图 5.7 中看到 M_Basic 被定义为父材质。底色和默认的粗糙度值都被覆写，产生了一个与开始时非常不同的材质（参见图 5.8）。

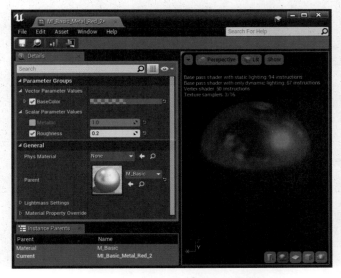

图 5.7　从 M_Basic 创建的材质实例

图 5.8　从 M_Basic 创建的一组材质实例，显示了丰富的变化

5.6.3　添加粗糙度贴图

只需要在材质中添加一个粗糙度贴图（Roughness Map，参见图 5.9），就可以在表面上增加大量的深度和细节，如图 5.10 所示。

添加纹理参数

除了前面介绍的添加参数的方法外，你还可以通过从内容浏览器将纹理拖动到材质编辑器来创建纹理样本（Texture Sample）节点。当执行此操作时，纹理还不是参数，而且经过编译后，实例不能以任何方式修改。要将其转换为参数，用鼠标右键单击纹理节点，然后从上下文菜单中选择 **Convert to Parameter**。

编辑器会给它……分配一个唯一的名字，但你应该给它起一个更合适的名字。现在，此材质的实例可以定义自己的纹理映射或通过蓝图在运行时修改它们了。

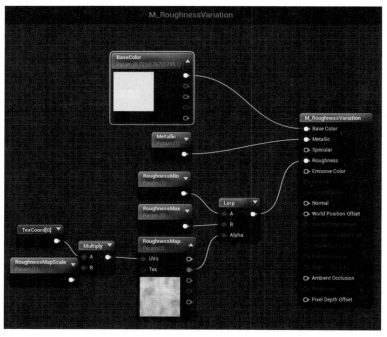

图 5.9　在材质中添加 RoughnessMap 参数以获得更多可能性

图 5.10 使用了粗糙度贴图的材质实例

使用 Lerp 节点

材质实例最重要的功能之一是，能够即时调整材质的外观。这样做的最佳方法之一是使用 Lerp（Linear Interpolation，线性插值）节点。

添加最小值和最大值标量参数可以让艺术家基于每个实例动态修改粗糙度贴图的值。

这是我最喜欢的节点之一，用于创建易于调整的材质。你甚至可以通过将 A 输入设置为 1 并将 B 输入设置为 0 来轻松地反转 Alpha 值。Lerp 适用于各种输入（包括 RGB 颜色），是在两个值之间进行混合的好方法。

> **说明**
>
> Lerp 节点中的 A 和 B 输入几乎可以是任何数据类型（标量、向量等）的，但是 Alpha 输入只能是一个单独的灰度通道。你可能需要使用一个 Component Mask 节点来选择要向此输入发送的通道。

缩放纹理贴图

要在 UE4 中缩放纹理并创建平铺，不要像你可能习惯的那样缩放纹理，而是通过将它们乘以一个缩放值（标量值）来缩放 *UV* 坐标。

制作材质实例

如你所见，现在我们在材质实例编辑器中列出了更多的参数，包括完全覆写用于调整粗糙度的纹理的功能（参见图 5.11）。

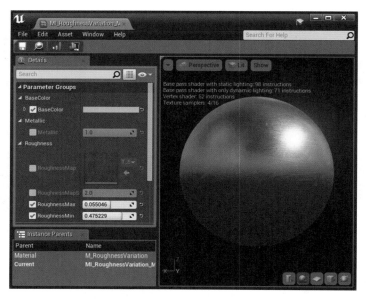

图 5.11　材质实例编辑器显示粗糙度参数组

5.6.4　添加法线贴图

法线贴图很像凹凸贴图（Bump Map），但是效率更高、更灵活。法线贴图定义了一个空间角度，有助于将表面细节添加到原来是平面的多边形中（参见图 5.12）。

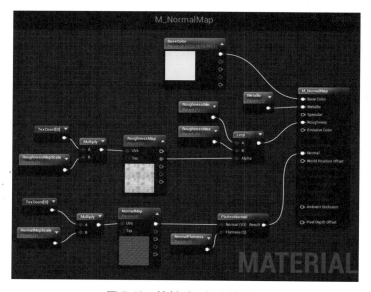

图 5.12　给材质添加法线贴图

在材质中添加法线贴图增加了又一层视觉深度和丰富性（参见图 5.13）。缩放法线并使用 FlattenNormal 材质函数可以帮助艺术家在法线贴图太强的情况下调低法线贴图。

图 5.13　展示应用了各种法线贴图的 NormalMap 材质的实例

5.6.5　理解底色贴图

底色实际上没有你习惯的那样重要。你甚至可以在不使用底色纹理的情况下获得一些很棒的材质。当然，你希望许多材质中具有颜色变化，因此具有底色纹理是必不可少的。

因为 UE4 中的光照系统非常强大，所以粗糙度和法线贴图可以定义过去存储在漫反射纹理中的大量表面信息。

这使得底色只用于传达颜色信息。这个贴图中不应该包含任何光照或阴影信息。中等到低细节的平面颜色效果是最好的。把细节保存在粗糙度和法线贴图中。

当材质的金属度（Metallic）输入设置为 1 时（金属度输入是标量或灰度输入），底色还定义了金属色。这使你可以获得多种多样的金属镜面颜色，以获得梦幻般的金属效果（参见图 5.14）。

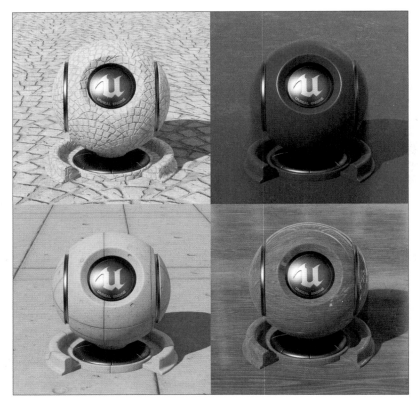

图 5.14　最终的材质实例，展示应用了各种完整的纹理映射组合
（底色、法线贴图和粗糙度）的效果

5.7　总结

在 UE4 中开发材质是一种奇妙的体验。它以艺术家为中心，易于学习。然而，它也非常强大，使你可以灵活地以接近光线跟踪的质量创建几乎任何类型的材质。

使用材质实例和函数为已经很强大的材质系统增加了组织性、多变性和可重用性，而且蓝图脚本和材质参数可确保你的材质与可视化的其余部分一样动态和可交互。

在你开始使用 UE4 的材质编辑器、交互式视口和 PBR 渲染进行创作后，你将很难再使用其他任何东西。

第 6 章

蓝　　图

UE4引入了蓝图（Blueprint）可视化脚本，释放出强大的编程功能，但无须编写一行代码。凭借你的想象力、蓝图和一些基本的编程概念，你可以创建任何东西，从简单的交互，如光源开关或房门，到整个交通模拟系统或多人VR体验。

6.1　蓝图概述

虽然 UE4 的视觉效果得到了最多的关注，但是**蓝图**可视化脚本系统才是使 UE4 现在如此成功的原因。无须编写任何代码，任何人都可以为其应用程序和游戏创建自定义的功能。

团队不再需要聘请程序员或牺牲自己的某位成员来掌握一门编程语言。几乎任何人都可以学习使用蓝图为他们的世界注入生命。

蓝图是一种真正的编程语言，比大多数脚本系统更加健壮，它依赖于一些编程概念，如类、继承、循环、变量和函数。如果你已经在 3D 应用程序中编写过脚本或者之前编写过程序，那么你会像在家里一样轻松地组建可视化脚本。如果你没有这些经验，也不要感到害怕。

蓝图简化了编程，消除了许多使很多人无法接近编程的障碍。蓝图提供的可视化特性、友好的界面、源代码访问和丰富的文档，都使得学习蓝图没有任何障碍而且简单、明了。

你可以使用 UE4 实现几乎任何你能想象的功能，但是获得正确的基础知识可以使最简单的交互式应用程序也大放异彩，并且可以帮助你应对更大的挑战。可靠的性能和精心设计的界面，正是这些使得专业且引人入胜的体验与令用户感到沮丧或困惑的体验不同。

作为可视化设计师，我们的目标是向观众和玩家传达尽可能多的信息，而且尽可能清晰和真实。借助蓝图，我们可以采用非线性和非预定义的方式呈现数据。鼓励参与者亲自参加实验、探索和发现，这使得交互式可视化成为一种强大的交流媒介，并帮助我们成为真正的艺术家和设计师。

本章既适合没有任何编程背景的人，也适合那些有编程背景的人。理解你正在使用的应用程序是如何工作的及开发人员和社区使用的术语，始终是一个好主意，即使你已经熟悉基本概念也仍然如此。

6.2　对象、类和 Actor

你将看到在 UE4 和支持文档中大量使用的术语：对象、类和 *Actor*。它们可能看起来意义相同或接近，但其实并非如此。虽然它们密切相关，但每个都是不同的，知道它们的区别对于学习如何在 UE4 中编程非常重要。

6.2.1　对象

UE4 是一个面向对象的应用程序。面向对象编程（Object-Oriented Programming，OOP）是一种以现实世界逻辑思考程序并将编程工作分解为逻辑单元的方法。每个元素或**对象**都包含自己的代码和功能，并与程序中的其他对象通信以交换信息或触发事件，而不是仅靠一个庞大的脚本运行整个应用程序。

对象可以是应用程序的任何部分：按钮或下拉菜单是不同类型的对象。一个粒子效果是生成其他对象的对象。

一个现实世界的例子是一碗苹果，其组成部分有碗和几个单独的苹果，每个都是完全独立的（对象），但是它们一起形成了一个整体。

6.2.2 类

每个对象的属性是由它的**类**定义的，一组程序规则、函数和变量定义了类的行为。

对象是类的副本或**实例**。每个对象都包含自己从其**父**类继承的独立的参数或变量（如位置和旋转）。同一类的所有对象与场景中对象所属类的其他实例共享相同的指令和功能。

那个苹果的例子中有两个类 Apple 和 Bowl，有一个 Bowl 类的实例及几个从 Apple 类实例化的对象。

可以从一个类中实例化数百个对象，每个对象都有自己独立的数据和属性。

6.2.3 Actor

Actor 是一个特殊种类的对象。这些对象可以存在于关卡的 3D 世界中并进行渲染。常见的例子是静态网格体 Actor 和点光源 Actor。Actor 可以有碰撞、物理模拟、材质、动画和脚本逻辑。

在那个例子中，碗和装着的苹果都是 Actor。每个都占据空间中的不同位置，并具有各自的 3D 变换（位置、旋转和缩放）。

在 UE4 中，光源、声音、粒子系统和摄像机都是 Actor 类的不同例子。

> **说明**
>
> 如果你可以在游戏世界中看到、放置或与之互动，那就是一个 Actor。光源、体积（Volume）、触发器（Trigger）、茶壶和火箭都是例子。

6.3 玩家

大多数可视化是线性和不可变的。它们通常以图像、动画或其他线性格式交付，几乎不会有任何重要的改变。观看它的每个人（**观众**）将具有相同的体验，并且在大多数情况下，与任何其他观看的人看到相同的事物。

而交互式可视化是非线性的。每个**玩家**（在背后控制和提供输入的人）都可以自由地以他喜欢的任何方式探索世界。作为设计师，你可以限制和控制玩家可以做的事情，但是在根本上是玩家决定故事将如何进行的。玩家是 UE4 宇宙的中心。UE4 所做的一切，都是为了玩家的利益和他们的体验。

6.4 玩家控制器

一个玩家控制器（Player Controller，或称作 **PC**）是负责根据玩家的输入更改世界的类。

对于你的应用程序中的每个玩家，都将生成一个独立的 PC。一个 PC 将在玩家加入游戏时自动创建，当他离开游戏时被销毁。

玩家控制器没有外形，也看不到（它是世界中的一个对象，而不是一个 Actor）。如果你愿意的话，可以认为 PC 是玩家在世界中的虚拟代表（它的灵魂或幽灵）。

一个 PC 一次只能拥有一个 Pawn（Pawn 是玩家在世界中的物理象征）。当 PC 拥有某些东西时，它可以直接访问该对象，并可以将命令发送给它或以其他方式改变它。

这样，一个玩家通过拥有不同 Pawn 的不同功能，随时彻底地改变了他玩这个游戏的方式。

6.4.1　输入处理

PC 是输入系统在处理输入后转发输入的第一个位置。PC 蓝图可以访问大量的各种类型输入，从鼠标和键盘事件到 VR 运动控制器输入和移动设备触摸输入。

虽然 Pawn 和其他 Actor 同样可以自己接收输入事件，但通常是 PC 将这些玩家输入转发给可能需要这些输入的 Pawn 和其他系统，从而减少各个类之间发生冲突的可能性。

虽然也有理由让其他对象处理某些玩家输入（例如，UI 中的按钮检测到它被按下），但我尝试将几乎所有的输入处理都保持在 PC 中。

6.4.2　玩家数据

PC 的一大优点是它始终存在。如果有一个玩家，那就会有一个 PC。这意味着任何时候一个系统需要与一个单独可靠的对象连接，PC 就在那里。

所有 Actor 蓝图可以通过简单的 Get 函数快速、方便地访问 PC。这使 PC 成为存储玩家数据（如名称、队伍颜色等）的好地方。更复杂的游戏可能会使用专门的类（物品类等），但这些通常由玩家控制器创建和管理。

6.4.3　旋转

玩家控制器最重要的任务之一是跟踪玩家的旋转。PC 没有 3D 位置（没有摄像机或其他 3D 表示）。但它的确有一个控制器旋转（Controller Rotation）变量。

把跟踪玩家的旋转与位置分开有一些优势，特别是当涉及玩家的视图及为了呈现一致和流畅的玩家视角时。具有单独的视图旋转也很容易编程，因为只有一个变量需要跟踪和修改。

6.4.4　鼠标接口

Player Controller 类有一些对于可视化很重要的设置。最突出的是显示鼠标光标的能力。

默认情况下，UE4 和大多数电子游戏不显示鼠标光标。但是，许多可视化项目依赖于强大的用户界面而且光标是必不可少的。

你也可以为场景启用 mouse-over（鼠标移过）和 mouse-click（鼠标单击）事件，让你直接与世界中的 3D Actor 进行互动。这会对性能产生影响，而且会影响玩家与 HUD 和其他元素的交互方式，所以只有在你的项目需要时才启用鼠标事件。

6.4.5 其他控制器

你可以为应用程序制作或添加其他控制器。最常见的是 AI（Artificial Intelligence，人工智能）控制器。这些控制器就像玩家控制器一样，但不使用玩家输入，而是依靠程序规则和序列来模拟人类的行为和输入。

6.5 Pawn

Pawn 是世界中可以被控制器（玩家或 AI）占有 [1] 的 Actor。控制器占有 Pawn 后，可以向 Pawn 发送输入和其他命令，指示它向敌人移动或发射火箭。

Pawn 可以是任何可控制的角色、动物或车辆。控制器为 Pawn 提供简单的命令，比如"前进"，Pawn 以适当的方式解释这些命令，模拟你所追求的运动和交互。

通过同时使用 PC 和 Pawn，你可以确保玩家既具有 PC 管理的一致的功能集，也具有每个 Pawn 对这些输入的特定解释。这使得一个单独的 PC 和它代表的玩家可以拥有任何可想象的 Pawn。

> **说明**
>
> 你可以随时产生并占有新的 Pawn。这是为一个游戏创建新的视图模式或控制方法的好方式。例如，你可以在行走 Pawn（Walking Pawn）和飞行器 Pawn（Flying Drone Pawn）之间切换，每个 Pawn 都具有截然不同的功能、外观、效果、声音，甚至用户界面元素。

6.6 世界

世界（World）是 UE4 应用程序中所有对象、Actor 和数据存在的地方。当你加载一个**关卡**（也被称为一个**地图**）时，会创建一个新世界，放置在关卡中的 Actor 和对象将在这个世界中生成。

世界中存在的一切（对象）可以访问世界中的其他所有对象，也可以被它们访问。对象也可以生成和销毁其他对象和 Actor。

世界与 UE4 中其他几乎所有的东西一样，可以使用蓝图编写脚本，也可以生成、销毁和修改世界中的 Actor 和对象。

---

1 控制器获得 Actor 控制权时被称作占有（Possession）。你可以想象一个像幽灵一样的控制器可以从 Actor 跳到 Actor，甚至可以在不占有 Actor 的情况下存在。

6.7　关卡

UE4 中的每个关卡（Level）都像是一个自包含的迷你应用程序。每个关卡可以有截然不同的规则、几何体等。事实上，每个关卡可能在整体上是完全不同的游戏。你可能已经在玩过的游戏中看到过这种情况，其中一个关卡是驾驶情节，而下一个关卡是徒步追逐，每个关卡之间有非常不同的控制、模型和游戏玩法。

> **说明**
>
> 关卡通常也被称为地图。这两个术语在很大程度上是可以互换的。

一个关卡可以有多个关卡分段（Sublevel），这样可以实现流传送。此系统是在应用程序中的特定时间加载特定内容的绝佳方式。你可以轻松地从蓝图中加载、卸载和设置整个关卡的可见性。在编辑器中和运行时，这都是管理信息的好方法。

6.8　组件

蓝图 Actor 可以有任意数量的**组件**（Component）：与 Actor 一同生成的特殊的类，而且可以直接与 Actor 进行交互。常见的例子有：静态和骨骼网格体、光源和粒子系统。

组件可以从父级继承到子级。它们可以在运行时或在构造脚本（Construction Script）中生成。它们也可以在蓝图编辑器中被定义为组件参数（Component Parameter）。

组件是重用代码的好方法。例如，你可以创建一个沿路径以特定速度移动的组件。你可以将此组件附加到项目中的任意 Actor，以赋予它们这个组件的功能。

6.9　变量和它们的类型

所有对象都可以使用**变量**（也称为**属性**）存储数据。变量可以包含像数字和字符串这样的值，甚至可以包含对其他对象、类或 Actor 的引用。

蓝图中的变量是类型严格的，这意味着每个变量属于一个确定的类而且无法更改。如果你来自纯脚本背景，这可能具有挑战性，但是它允许更复杂的编译、错误检查和变量处理。关于它最酷的事情之一是，每种类型都可以有自己的函数和变量！

常见的变量类型如下。

- **Boolean**：简单的 true 或 false 的变量。
- **Float 或 Scalar**：带小数的数字，如 0.984、4356.234 或 –34.2。
- **Integer**：没有小数的数字，如 23 或 –2354。
- **String**：一列字母数字字符，如 "Hello World"。

- **Text**：Text 类似于 String，但主要用于本地化。
- **Vector**：含 3 个浮点数的数组，表示 X、Y 和 Z 值，通常用于记录 3D 空间中的位置、比例或方向。
- **Rotator**：含 3 个浮点数的数组，表示 3D 空间中的 Roll、Pitch 和 Yaw 旋转（分别代表围绕 X、Y、Z 轴的旋转）。
- **Transform**：结合了位置（Vector）、旋转（Rotator）和缩放（Vector）数据。
- **Object**：对世界中的对象或 Actor 的引用，包括静态网格体、摄像机、光源和玩家控制器。

6.10 Tick

在 UE4 中渲染的每一帧遵循准确的运算顺序。这样一组运算通常被称为游戏循环或主循环。在 UE4 中，这被称为一个 **Tick**。

在每个 Tick 中，玩家输入被捕获并转发到脚本系统，在那里它可以触发事件和函数，如角色移动、枪支射击或者橱柜更换材质。然后，游戏中的各种系统可以响应该输入：物理、光照和人工智能收集有关它们周围世界的信息，并按照其程序定义执行自己的操作。在处理完所有输入和逻辑之后，场景中的几何体会更新，然后渲染并呈现给玩家。

增量秒

渲染 1 帧或者一个 Tick 所花费的时间被称为**增量秒**（Delta Second）或**增量时间**（Delta Time）。以每秒 60 帧运行的游戏的平均增量时间为 0.0167 秒。

增量时间非常重要，因为每个 Tick 可能与上一个 Tick 花费不同的渲染时间（场景可能从一帧到下一帧之间发生显著的变化），或者每台计算机之间可能花费不同的渲染时间。

在执行任何随时间和空间发生的任务时，跟踪这个值并应用它是非常必要的。

例如，如果你想以一致的速率旋转一个 Actor，可能会想到只需要给每个 Tick 增加一个旋转值。如果每个 Tick 旋转 12°，以 30 fps 运行的计算机将每秒旋转 Actor 360°，而以 120 fps 进行渲染的计算机将造成每秒 1440° 速度的飞速旋转。

这里就是增量时间的用武之地：你可以简单地将预定变换乘以增量时间，以确保运动是基于时间而不是基于帧速的。

在这个例子中，将你的每秒预定度数乘以增量秒。在 30 fps 的机器上，这看起来像每个 Tick 旋转 $360 \times 0.033°$（每个 Tick 约 12°），而在 120 fps 时，它是每个 Tick 旋转 $360 \times 0.00833°$ 或 3°。即使帧速波动很大，Actor 也会以完全相同的速率旋转。

6.11 类的继承

每个类都可以作为另一个类（子）的模板（父）。子类**继承**了父类所有的功能和能力。所有对于父类的更改也会被子类（们）继承。

回到之前关于苹果的例子，苹果类可能有几个子类：红富士、青苹果等。每个子类都继承了苹果的功能和描述（爽脆、味甜、形圆），但会覆写特定的属性，如颜色、大小和香味参数。

子类可以覆写父类的函数来添加或者改善函数功能。例如，PointLightActor和SpotLightActor都是LightActor类的子类。这两个类都具有许多相同的属性，如亮度、颜色和衰减。

并不是在这两个类中都会定义所有这些属性，而是由父类（LightActor）定义它们，子类继承它们。然后，每个类都可以基于父类进行扩展，以引入新功能并扩展其能力。

苹果类同样有一个父类：水果。水果类包含苹果、橙子、葡萄、梨等。虽然每个都是独特的，你不能用葡萄制作苹果，但是它们继承了水果类的许多共享属性和成员方法（Method）。

UE4几乎在其设计的每个方面都利用了**继承**的概念（材质实例是一个很好的例子）。了解这个概念对于开发更复杂的系统和应用程序非常重要。这也是避免重复劳动的好方法。

6.12　生成和销毁

游戏世界中的每个对象都通过"**生成**"（spawn）进入那个世界。当一个对象生成时，将从其定义的类中实例化后进入这个游戏世界，这使它可以被世界中的其他所有东西"看到"。

对象可以通过蓝图实时生成。世界中几乎任何对象都可以生成一个新对象。

你可以通过从内容浏览器中拖放Actor到游戏世界，运行前就在编辑器中生成Actor到游戏世界中。

你也可以销毁Actor，将它们从世界中移除。这可能会导致蓝图中引用已经被销毁的Actor的问题，因此请小心验证你的引用。返回"none"的蓝图函数可能导致不稳定或使项目无法构建。

"生成"是一项昂贵的操作，生成很多Actor可能会使你的应用程序变慢。如果你发现自己生成和销毁同一类的很多Actor，你可能需要花时间回收那些Actor而不是销毁并重新创建新的Actor。

6.12.1　构造脚本

当Actor对象在编辑器中或在运行时生成时，它们会执行一些特殊的操作，比如运行一个构造脚本。

这个功能非常强大，因为它使得蓝图Actor可以在游戏运行前（如果它被放置在关卡中）或者在它可见之前（如果它在运行时生成）执行脚本操作。执行的操作可以包括修改自身、生成新的网格体和其他组件，以及进行其他处理。

你可以将蓝图的Actor类中的变量定义为可编辑参数。你可以编辑放置的蓝图Actor上的公开参数，构造脚本将会立即运行和更新。

你可以构建复杂的构造脚本，这样的脚本可以基于参数构建整个结构或系统。例如，可以创建一个Actor类，它沿着一个样条曲线（Spline）放置网格体（灯柱、栏杆、道路），或者将对象散布在网格体上（草地、树叶和其他道具），或者是一个每天的时间系统，仅依靠太阳光角度就可以更新各种不同的组件。可能性是无限的。

6.12.2 Begin Play 事件

在构造脚本运行后，对象被初始化并添加到世界中。当对象在世界中可用并且可以看到它周围的世界时，就会触发 Begin Play（开始游玩）事件。

这是你希望在第 1 帧渲染之前或对象在屏幕上显示之前，设置需要建立的任何行为或交互的位置。此阶段的 Actor 不会被渲染，但可以访问世界及其包含的对象。

只有这个 Tick 中的所有 Actor 和对象都已经生成时，才会触发 Begin Play 事件，因此可以安全地访问该帧中已经生成的其他对象（与对象初始化之前运行的构造脚本相反）。

6.13 蓝图通信

让你的蓝图之间相互通信以及与世界通信是至关重要的。UE4 提供了几种方法使你的对象、Actor 和它们所构成的世界可以交换信息，以及创造丰富的交互。

6.13.1 直接蓝图通信

当你希望一个蓝图一对一地直接与另一个蓝图对话时，通常希望使用直接蓝图通信（Direct Blueprint Communication）。这个方法要求你明确定义世界中引用的是哪个对象。

例如，玩家点击光源开关蓝图 Actor，关卡中有一个特定的灯泡蓝图 Actor 被分配给一个变量。光源开关告诉灯泡直接关闭或打开。只有灯泡受到影响。

6.13.2 事件调度器

事件调度器（Event Dispatcher）允许有多个蓝图监听一个事件，并且事件发生时每个蓝图都会单独做出反应。

在光源开关的例子中，灯泡可以监听开关蓝图的 OnSwitch 事件，并在玩家与光源开关交互而触发该事件时相应地进行修改。

6.13.3 蓝图接口

蓝图**接口**用在当你拥有不同类中共同的事件（例如用鼠标单击或使用运动控制器指向）但每个类需要执行不同的操作或根本不执行任何操作时。

接口只是预期事件的列表。当蓝图实现接口时，你可以选择实现所列方法中的任何一个、全部或全部不实现。

如果某些功能在多个蓝图中相似但需要在每个蓝图中有差别地执行，则应该使用接口。

在蓝图之间的通信方法中，接口是使用最少的，对于大多数用例来说通常不建议使用，而是推荐使用事件调度器。

6.13.4　蓝图转换

转换（Casting）在图形编辑器中使用了特殊的节点。这些节点接收一个类的输入，然后尝试作为特定类访问该节点。如果尝试成功，则可以直接访问目标对象中的变量、事件和函数。

这使你可以查询一组通用的 Actor 和类。并且，如果它们属于特定类，它们将成功转换到该类，使你可以访问该类中可用的所有变量和方法。

例如，灯泡蓝图可能会扩展它所基于的 Actor 类，以增加 ToggleLight 函数。开关蓝图可以查询场景中的每个 Actor，并且尝试把它们转换为灯泡类。如果成功，它可以直接运行 ToggleLight 函数。

你还可以使用转换来触发事件，并修改关卡中特定类所有 Actor 的属性。使用 Get All Actors of Class 节点，你可以访问一个 Actor 数组，可以轻松地立即对它们进行更改。

6.14　编译脚本

在运行蓝图前，你必须先编译它。编译将使你的节点图转换为在编辑器中运行和在游戏中实时运行的代码。

编译时还会对代码进行错误检查，在游戏运行之前尝试找到错误。它并不会捕获所有的错误，但是通常能够在崩溃发生之前获得最危险的错误类型。

编译蓝图只需要单击工具栏中的 Compile 按钮。发现的所有错误都显示在 Compiler Results 中，其中通常包含一个方便的链接，可以直接定位问题。

6.15　总结

本章中出现的术语和概念在 UE4 的界面、文档和社区中是非常普遍的。你应该更好地了解 UE4 应用程序如何在“引擎盖下”运行，并且应该能够更自信地开始探索蓝图及在 UE4 中构建应用程序。

在接下来的章节中，你将经常遇到这些概念，即使在蓝图之外的系统中也是如此。继承、变量和属性等概念在 UE4 中到处可见，而且几乎影响了设计的各个方面。

第2部分

你的第一个虚幻引擎4项目

第 7 章

建 立 项 目

你在UE4中的第一个项目将专注于熟悉UE4编辑器、内容浏览器和关卡视口。本章重点介绍如何定义项目范围,并且设置好所有内容,以便开始在UE4中构建你的第一个交互世界。

7.1　项目范围

在开始任何交互式应用程序的工作之前，先定义项目的目标并将其写下来非常重要。固定的范围和明确定义的最低要求，确保你能够以专注且有条理的方式开发项目。

对于你的第一个项目，需要保持尽量简单。UE4 包含很多容易获得的示例内容，这是开始学习 UE4 基础知识的好方法。你将使用这些示例内容构建一个简单的关卡、填充关卡并设置一个自定义的 Pawn，它可以在关卡中平滑地走动，与墙壁和地板碰撞，给世界带来坚实且身临其境的感觉。

最后，你将使用"编辑器中运行"（Play-In-Editor，PIE）的方式测试应用程序。在你感觉满意后，下一步将打包并准备作为独立应用程序发布。

到本章结束时，你将能够掌握如何从头开始开发一个简单的 UE4 应用程序。让我们把它分解成一个列表。

- 开发一个应用程序，使玩家可以在虚拟环境中行走。
- 使用 Starter Content（初学者内容）构建一个简单的环境，有光源、门和切换光源的开关。
- 使用动态光照。
- 制作第一人称视角，以缓慢且稳定的步伐行走。
- 确保视图高度适合建筑可视化。
- 使玩家能够与墙壁和地板碰撞，为模拟增加坚实的感觉。

7.2　从启动器创建一个新项目

你需要在开始之前完成以下操作：在虚幻引擎官网上创建账户，下载并安装 Epic Games Launcher，安装引擎版本 4.14 或更高版本（本书的所有示例使用的是 4.14 版本）。

最简单的创建一个新的 UE4 项目的方法是，使用 New Project 向导。你可以通过从启动器启动引擎来访问它（参见图 7.1）。

在 **Unreal Project Browser** 启动后，请按照下列步骤操作。

1. 单击顶部的 **New Project** 选项卡，显示 New Project 模板选择器（参见图 7.2）。

在这里，你可以从众多的入门模板中选择。每个模板都制作良好，并且对于许多项目来说，可以是一个很好的起点。它们也是在 UE4 中尝试不同游戏模式和风格（第一人称游戏、飞行游戏、横向卷轴游戏等）的绝佳方式。

你的项目中不会用到这些。虽然它们是很好的起点，但它们都是以游戏为中心的，而且引入了一些你必须撤销的东西，还有一些是你自己应该知道如何设置的东西。

2. 选择 **Blank** 蓝图项目模板。此项目模板完全不包含任何内容或代码——换句话说，它是一个完全空白的白板。

3. 单击 **Starter Content**，它会为项目添加一些简单的预制资源，以帮助你快速构建关卡。

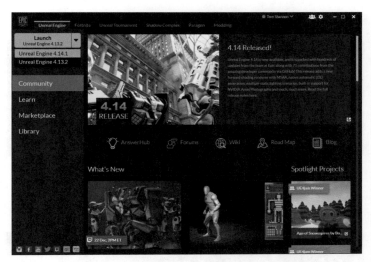

图 7.1　从启动器中使用 Unreal Engine 选项卡左上角的 Launch 按钮启动引擎

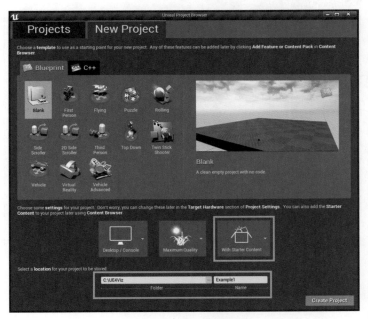

图 7.2　虚幻项目浏览器中的 New Project 模板设置面板，展示了你第一个项目的设置

　　4．选择你项目的存储位置并且给项目起一个名字。我将项目保存在用户文件夹之外，无论如何，在哪里保存项目由你自己决定。请记住，选择具有充足空间的、快速的本地硬盘或 SSD。

　　5．单击绿色的 **Create Project** 按钮。引擎将创建一个新文件夹，并且构建运行项目所需的文件夹结构。

在项目文件创建完成后，将启动 UE4 编辑器的一个新实例（参见图 7.3），显示了新项目的名字。

图 7.3 项目第一次加载

在短暂的加载完成之后，一个示例关卡将显示在编辑器中（参见图 7.4）。

图 7.4 首次打开 UE4 编辑器，显示默认关卡和部分 Starter Content
（初学者内容）

当包含 Starter Content 时，项目的默认关卡被设为放置了一些示例资源的简单场景。

7.3 总结

你的新项目已经准备就绪。你学习了如何从模板创建新项目并建立了 Content 文件夹中的初始文件结构。这是你开始大多数新的虚幻项目的可能方式，因此这是一个值得了解的工作流程。

不同的模板让你可以轻松地尝试预制设置，我鼓励你探索它们，因为它们是很好的学习资源，也是开始特定类型项目的好方法。

第 8 章

填 充 世 界

将内容添加到你的关卡是直截了当的，而且对艺术家非常友好。UE4编辑器提供了许多工具和功能，可以帮助你在3D空间中放置、修改和组织资源。在本章中，你将使用项目中包含的已构建的Starter Content资源来构建一个简单的关卡，玩家可以在其中四处走动。

8.1　制作和保存一个新的空关卡

在我看来，以一个新关卡开始且从头构建，是获得预期结果的最佳方式。可视化具有与大多数游戏不同的目标，而且大部分可用的模板不适合进行交互式可视化时所需的交互类型。

在 File 菜单中选择 **New Level**，然后选择 **Empty Level** 选项。

通过从 File 菜单中选择 **Save Current** 或单击工具栏中的 **Save Current** 按钮，可以保存关卡。在出现 **Save Level As** 对话框（参见图 8.1）后，将关卡命名为 **MyFirstMap**，单击 **Save** 将地图保存到磁盘。

图 8.1　Save Level As 对话框

正如你在此示例中所看到的，我在 Content 目录的根目录下创建了一个名为 **Example1** 的文件夹。可以通过在内容浏览器中的各个位置单击鼠标右键来创建新文件夹，或者使用内容浏览器中的 Add New 按钮。请记住，你可以而且应该在内容浏览器中执行所有文件管理。

如果你发现错误并需要重命名地图或文件夹，可以使用上下文菜单，或者在选择资源或文件夹后按键盘上的 F2 键。

在 Content 文件夹中创建一个特定项目的文件夹是 UE4 中的常见做法，因为它确保为此项目创建的所有内容都在其自己的文件夹中独立存在，来自第三方或其他项目的内容可以合并到你的项目中，而不必担心这两者会发生冲突。

请记住，关卡和地图是一回事，在表示 UMAP 文件时，这两个术语可以互换使用。

8.2　放置和修改资源

把资源从内容浏览器放入关卡的最常用方法是，将资源从内容浏览器拖放到编辑器的视口中（参见图 8.2）。

图 8.2　从内容浏览器拖放到关卡中

8.2.1　移动、缩放和旋转

放置了 Actor 之后，你可以使用熟悉的变形器（Gizmo）轻松地移动、缩放和旋转它们。你可以使用空格键或视口顶部的图标轻松地在移动、旋转和缩放模式之间切换。

> **说明**
>
> 你也可以使用 W、E 和 R 键在移动、缩放和旋转之间切换，或者按空格键在模式之间循环切换。

8.2.2　使用细节面板

细节面板（Details Panel）显示了每个选定 Actor 的所有属性（参见图 8.3）。在这里，你可以直接为 Actor 设置位置（Location）、缩放（Scale）和旋转（Rotation）属性，并针对类进行设置，例如光照贴图分辨率（Lightmap Resolution）、阴影选项和材质的指定覆盖等。

图 8.3　一个选定的静态网格体 Actor 的细节面板

8.2.3　对齐

Starter Content 中的资源是以 100 个单位的网格大小构建的。因此，在视口中启用对齐（Snapping）并将其设置为 100 个单位是一个好主意。这样，当你移动 Actor 时，它们会对齐到 $100 \times 100 \times 100$ 单位网格。

图 8.4　每个视口的对齐选项

你还可以使用位于每个视口右上角的切换按钮，在视口设置中为旋转和缩放设置对齐（参见图 8.4）。在每个设置的右侧显示了对齐间距。你可以通过在间距上单击来调整此设置。

8.2.4　复制

有几种方法可以复制 Actor。执行复制 / 粘贴操作，或者在上下文菜单和 Edit 菜单中使用 Duplicate 命令，都是很好的选择。

我经常使用键盘快捷键 Alt+ 拖动来快捷创建所选对象的副本。在复制 Actor 时按住 Shift 键，可以使摄像机跟随正在移动的 Actor。你也可以使用 Alt+ 拖动多个 Actor。执行这项操作需要抓住视口中的变换变形器（Transform Gizmo），而不是模型上的任意位置。你也可以使用旋转和缩放变形器（Rotate and Scale Gizmo）复制 Actor。

8.2.5 从类浏览器中添加 Actor

内容浏览器用于将生成或导入的内容放入关卡中，但是有许多你要放入游戏世界中的内容是不在内容浏览器中的。

你可以放入一些像光源（Light）这样的类（Class），通过从类浏览器中使用放置（Place）模式拖放它们。两种方法都创建了一个新的关卡 Actor，是通过所选类的实例化获得的。

模式窗口位于默认编辑器布局的左上角，也可以通过找到菜单栏中的 Window 并选择 **Modes** 来显示类浏览器。

模式面板的第一个选项卡是放置模式，放置模式包含了类浏览器。

8.3 "要有光"

在真正开始放置 Actor 之前，场景中需要有一些光。与 Max 或 Maya 不同，那里没有一个内建的默认场景或视口光源。你必须手动制作光照系统。

如果场景中没有光源，将会使用无光照（Unlit）视图模式。此视图模式仅显示对象的没有明暗的底色。这是可行的，但最终很难长期使用，因为你很难看到深度，而且对象往往会融合在一起。

UE4 拥有出色的实时光照和阴影。无论你是使用 Lightmass 进行高性能、静态的全局照明，还是使用动态阴影和光照系统进行直接照明，一些关键的光照 Actor 对于实现 UE4 的最佳效果都至关重要。

8.3.1 太阳

对于太阳，让我们使用一个定向光源（Directional Light）Actor。要添加它，请使用模式面板并切换到放置模式（Shift+1 组合键）。单击 Lights，然后拖动一个定向光源到场景中。

在细节面板中将太阳设置为 Moveable（可移动的）。这使它可以动态移动和更改属性，并强制它使用动态阴影。

在大多数建筑可视化中，都会使用 Lightmass 的静态光照，但是我将在下一节中才介绍这个主题，现在先关注基础知识。动态光照提供了一种快速、易于编辑的所见即所得的方法进行实验和学习，又不会受到 Lightmass 的复杂性干扰。

8.3.2 大气雾

UE4 包含了**大气雾**（Atmospheric Fog）**模拟**，或者说是一种为天空着色并在远距离上调节光照的衰减和着色的数学方法。这类似于"紫色山脉的威严"（Purple Mountains' Majesty，一句歌词），从数公里远处看到的效果，因为光线散射在大气中。

像定向光源一样，使用放置模式放置大气雾 Actor。

一旦你将雾 Actor 放入场景中，就会立即产生一个基本的天空和地平线，如果你面对着正确的方向，你会看到一个太阳圆盘（参见本章后面的图 8.7）

现在，你会注意到太阳位于错误的位置，天空看起来就像太阳正在落山一样。你可以手动设置太阳的位置和天空的颜色，也可以指定定向的太阳光源来定义这些设置，这一切为你提供了一个漂亮而且动态的天空。

8.3.3　将太阳分配到大气层

你必须手动定义用于确定天空颜色的定向光源 Actor。你可以在定向光源 Actor 的属性页中使用 **Atmosphere Sun Light** 复选框来执行此操作（参见图 8.5）。

这个复选框隐藏在光源 Actor 的高级属性中。要访问它，需要在细节面板的光源属性页中单击一个向下的小箭头按钮（参见图 8.5）。你也可以在细节面板中使用搜索栏来快速地过滤属性列表（参见图 8.6）。

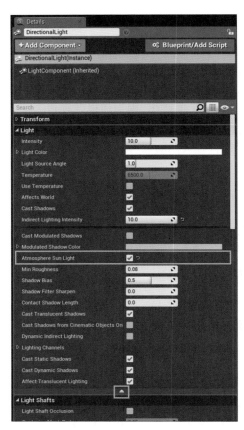

图 8.5　定向光源的细节面板，显示了高级属性，其中 Atmosphere Sun Light 被设置为 true

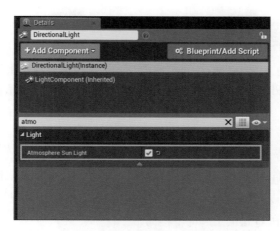

图 8.6　定向光源的细节面板，使用搜索栏过滤

8.3.4　天空光源

天空光源（Sky Light）Actor 是你需要添加的第三个也是最后一个 Actor。这个 Actor 捕捉了场景的 HDR 正方体贴图，或者使用一个已定义的 HDR 立方体贴图纹理来照亮场景。

添加这个 Actor 后，设置其移动性为 Moveable。阴暗区域应该会填满天空的蓝色。如果太亮，可以调低天空光源的亮度。

你的场景应该看起来更像图 8.7。定向光源、天空光源和大气雾 Actor 都设置成了 Moveable，这是为了使用动态光照管线。编辑器的布局经过定制，拥有更大的视口和更多的空间来修改属性。

图 8.7　使用定向光源、天空光源和大气雾 Actor 照亮的基本场景

8.4　在场景中自由移动

现在你的场景中有了一些东西，你可能想要移动和稍微调整视角来看看四周的情况。
UE4 具有分别从游戏和 3D 设计应用程序衍生出的视口导航方法的完美结合。

8.4.1　游戏风格

在场景中移动的最常见方式是使用游戏风格的导航系统。

在视口中按住鼠标右键可以启用游戏导航模式。拖动鼠标（保持鼠标右键按住）可以旋转视图。按键盘上的 **W** 键可以向前移动，按 **S** 键向后移动；按 **A** 键和 **D** 键分别向左和向右移动。

你还可以使用 **E** 键和 **Q** 键向上和向下移动。

要调整移动速度，你可以使用鼠标滚轮加快和减慢在关卡中移动的速度。

8.4.2　以对象为中心

你还可以使用快捷键 **F** 将摄像机聚焦于任意 Actor（或选定的一组 Actor）。按这个键可以居中显示所选对象并拉近摄像机与所选对象的距离。这样，你可以通过按住 Alt 键并使用鼠标左键拖动来围绕选定的 Actor 环绕。

环绕视图非常适合检查 3D 视图中的对象。

你可以使用鼠标上的滚轮轻松地放大和缩小聚焦的 Actor（这次不要按住鼠标右键）。

8.5　构造建筑

使用 Starter Content 的 Architecture 文件夹中的各种静态网格体，我们可以构造一个简单的公寓或房子。

如果你打开了对齐功能，设置间隔为 100 单位，这可以使此文件夹中的每个网格体都像积木一样在场景中对齐排列。

你需要一块地板、一些墙壁，以及任何其他你想要的东西。玩得开心！

确保有一扇门连接房间，还要有一些可以走动的空间。每块地板的尺寸是 400cm×400cm，所以每个房间应该至少是 2×2 的。

图 8.8 展示了在我享受了把一堆方块放在一起的乐趣后的成果。我试图构建一个可以容纳玩家的狭小空间，但是它又足够开放以便玩家探索。它仅使用 Starter Content 中的墙壁和地板静态网格体，对齐到 100×100 的网格。我已经使用每个视口右上角的 Maximize/Minimize 按钮显示了正交视图。我还设置了第二个透视视图，使我可以从多个 3D 视图查看场景。

你制作的区域当然不需要这么复杂，也可以比这复杂得多，这取决于你。但是，请确保有一块地板可以让你的玩家站立，还有一些墙壁可以避免玩家们踏入虚空。

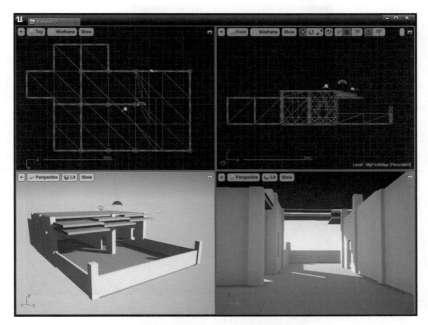

图 8.8　无尽虚空中漂浮的房屋

8.6　为你的建筑添加细节

现在你有了一个建筑，让我们为其添加一些细节。我们先从内容浏览器中拿一些静态网格体 Actor，然后添加一些带有光照描述和不同颜色的聚光灯 Actor，以增加一些有趣的光照效果。

8.6.1　放置道具

道具（Prop）是场景中的静态网格体，构成装饰和其他非建筑元素。示例内容附带了很多网格体以供选择。

与所有其他网格体一样，只需从内容浏览器拖放第一个网格体到关卡中即可。然后按照喜好进行复制和粘贴、移动和缩放。

你还可以将材质和粒子系统放置在关卡中。你自己决定是热闹一些，还是保持最低限度。真正需要的只是一块地板和一些墙壁，其余的取决于你的想象力。

这是我在经过几分钟的拖动－放置、复制－粘贴、表面对齐和拖动－复制后得到的结果（参见图 8.9）。我花了一些时间从内容浏览器中拿来各种道具，并复制和摆布那些网格体，使我的浮动房屋成了一个家。一些岩石有助于在视觉上固定住建筑物。

这是很好的尝试不同对齐选项的时机。我鼓励你探索表面对齐选项，它们可以帮助你将 Actor 直接放在其他 Actor 上。

图 8.9　经过几分钟布置网格体之后的我的场景

8.6.2　放置灯源

就像你使用定向太阳光和天空光源 Actor 一样，使用类浏览器为场景添加光源。

单击类浏览器的 Lights 选项卡，可以显示可用光源类的列表（参见图 8.10）。只需将所需的光源类拖放到视口中，即可在你的关卡中放置一个光源 Actor。

与静态网格体 Actor 一样，你可以使用变形器或细节面板的变换控制（Transform Controls）旋转和移动光源。你也可以用相同的方式复制 / 粘贴。

光源属性

请花点时间探索细节面板中光源 Actor 的属性。它提供了亮度、阴影投射和颜色的选项。这里许多选项纯粹是视觉上的，而许多选项与性能密切相关。

动态光照和性能

因为你正在使用动态光照，因此请注意使用的光源数量。尽管 UE4 的延迟渲染器比上一代渲染技术支持更多的动态光，但它们是非常昂贵的效果，尤其是在阴影方面。

阴影

动态阴影会增加很多渲染开销，你应该谨慎使用它们。带有阴影的点光源是渲染代价最昂贵的一种光源，应该最少使用。

图 8.10 放置模式下列出的光源类

衰减半径

你还可以尽可能地降低光源的衰减半径，以提高性能。半径以外的 Actor 不会受到这个光源的影响，也不会计算这个光源的光照和阴影。

8.6.3 添加 IES 描述文件

UE4 支持聚光灯和点光源的 2D IES 描述文件。通过使用从导入的 IES 文件生成的纹理，IES 描述文件可以调制光源的亮度。UE4 附带了一些 IES 描述文件，或者可以导入自己的文件到内容浏览器中，就像使用其他类型的内容一样。

这是我的场景中放置了几个光源后的样子（参见图 8.11）。我还在聚光灯上添加了一些 IES 描述文件，使它们更加生动。在关卡中选中一个光源 Actor 后，你可以在细节面板中找到 IES 属性。

图 8.11　编辑器中的最终场景，所有 4 个视口均为透视视角，
可以从多个透视视角查看关卡

8.7　总结

你已经看到使用资源填充关卡是多么容易。光源、材质和 Actor 可以轻松地拖动和放置、复制和移动、旋转和缩放，就像在我们最喜欢的 3D 应用程序中一样容易。在 UE4 中构建关卡非常有趣而且具有交互性，使用大气雾和天空光源可以轻松获得出色的光照设置。

整个过程充满乐趣，对于虚拟空间的创造有完全的控制权，而且创造时没有任何的限制，仅仅需要一些墙壁和一块地板。

我已经在本书的配套网站中放入了这个场景，你可以打开试一下。

第 9 章

使用蓝图实现交互

你已经建立了第一个项目，填充了世界，并且设置了一些光源和道具，使它看上去非常美观。这一切都很好，但要成为特别的项目，它必须能够互动。在本章中，将学习如何制作你的第一个蓝图类，建立你的第一个游戏模式，以及使用输入系统使你的玩家可以四处走动。

9.1　搭建项目

根据项目要求，需要提供第一人称观察和行走的能力。幸运的是，提供第一人称角色的视图和行走是虚幻引擎的长项。

你首先需要创建一个 Pawn 及一个蓝图类，它将接收经过玩家控制器类（Player Controller Class）处理的输入，这将在随后学习。最后，你将创建一个自定义的游戏模式类（Game Mode Class），用于将这些类定义为项目的默认值。

当这些东西都准备就绪时，你就可以轻松地放置一个玩家起始点 Actor，以定义当玩家加载这个关卡时的生成位置。

在本章结尾，你的 Pawn 将能够在关卡中顺畅地行走，自由地探索和观察。

整个搭建过程很长，包括了创建一个游戏模式，完成玩家控制器、输入映射和 Pawn，但是最终你将很好地理解 UE4 如何处理输入，而且按预期你的玩家可以四处移动。你还可以将这些内容迁移到新的项目中，自己动手为交互式可视化添加功能。

9.2　按下 Play 按钮

在此之前，你可能已经在编辑器中单击了 Play 按钮。没关系，很难不这样做。这就是 UE4 存在的全部原因：想玩就玩！

单击编辑器中的 Play 按钮可以在称为**"在编辑器中运行"**（PIE）的特殊模式下启动游戏，该模式使用已加载的资源来立即启动世界，尽快地开始运行。这是测试应用程序的绝佳方式，无须每次从头开始加载应用程序。

9.2.1　运行模式

你可以单击 Play 按钮右侧的选项按钮，以显示一些其他的运行模式选项（参见图 9.1）

默认模式是在 **Selected Viewport**（当前选定视口）中启动游戏。你也可以选择在一个 **New Editor Window**（新的编辑器窗口）中启动游戏。如果你的视口被遮挡，或者想要以特定的分辨率或宽高比进行测试，这将非常有用。

如果选择 **Standalone Game**（独立窗口运行游戏），将从命令行启动一个未经烘焙的游戏版本。这比 PIE（几乎是即时的）需要更长的启动时间，但可以更准确地表示最终应用程序在编辑器之外的行为方式。

Simulate（模拟）是一种有趣的模式，启动游戏但不会产生典型的玩家控制器和 Pawn，让你可以自由地探索关卡，而不会受到典型的 Pawn 带来的限制。

选择其中一个选项后，Play 按钮将根据你上次选择的模式进行相应的改变。

如果要修改分辨率和其他启动行为，请选择 **Advanced Settings**（高级设置）。这将启动可以对这些进行修改的 Editor Settings（编辑器设置）对话框。

图 9.1 PIE 选项

9.2.2 默认 GameMode

此时在你的关卡中单击 Play 按钮，会生成默认的 UE4 PC（玩家控制器）和 Pawn，你可以使用具有类似游戏操作的飞行角色在关卡中飞行。这是 UE4 的默认 **GameMode**。

GameMode 类定义了玩家控制器、Pawn 和其他游戏开始时所用到的类。

可以注意到，在这个模式下，你是一个具有碰撞和物理响应的特定玩家，而不像在编辑器视口中被视为一个"鬼魂"。但是，你也可以非常快速地飞行和移动。这不是你想要探索空间的方式。

你必须创建自己的 Pawn、PC 和 GameMode，并把它们指定到你的项目。完成此操作后，你应该可以像项目范围定义的那样在关卡中走动。

9.3 创建 Pawn

代表你的实体在世界中存在的类就是 **Pawn**。Pawn 处理物理、碰撞及与世界和其他关卡 Actor 的交互。

Pawn 是蓝图格式的类，包含组件、变量和事件图（Event Graph），可按照以下步骤创建。

1. 在内容浏览器中选择 **Add New**，然后选择 **Blueprint Class**（参见图 9.2）。

2. 在打开的 **Pick Parent Class** 对话框中单击 **Character** 按钮。Character 类是一个高级 Pawn 类，适用于各种第一和第三人称角色应用程序，因此它非常符合这个项目的需求，并为你节省了大量精力。（没有必要总是重新"造轮子"！）

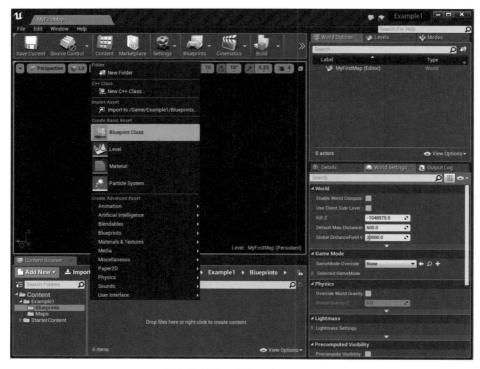

图 9.2　在内容浏览器中创建一个新的蓝图资源

3．命名你的资源。我选择"BP_Interior_Pawn"，遵循普遍接受的 UE4 命名约定（参见图 9.3 ）。

图 9.3　在内容浏览器中创建和命名 BP_Interior_Pawn 蓝图资源

4．双击这个资源并打开蓝图编辑器。

5．在组件列表中选择 BP_Interior_Pawn 组件，并确保工具栏中的 Class Defaults 按钮处于选中状态（参见图 9.4 ）。

图 9.4　Pawn 类默认在蓝图编辑器中显示

9.3.1　设置玩家的视点高度

为了使玩家的视点在一个合理的高度上，你需要调整 Base Eye Height（基准眼睛高度）属性值和胶囊体（Capsule）组件的 Half Height 属性值。

玩家的视线水平，可通过将 Character 的 Base Eye Height 属性值与胶囊体组件的 Half-height 属性值相加获得。你需要同时调整这两个属性值，以取得正确的高度和玩家碰撞。

调整胶囊体组件

Pawn 使用胶囊体碰撞组件（Capsule Collision Component）来模拟玩家在世界中的身体。你可以在蓝图编辑器的视口选项卡和组件列表中看到胶囊体组件（参见本章后面的图 9.5）。

从组件列表中选择胶囊体组件来访问它的两个变量，Radius（半径）和 Half-height（半高）。顾名思义，Half-height 表示从地板到胶囊体碰撞组件中间的距离，默认值是 88 厘米，也就是从胶囊体的底部到顶部的距离为 176 厘米（大约 5′9″）。这对于大多数人来说有点矮，但稍微矮一点总比玩家的头撞上门框和灯具好。你可以保持此默认值。

设置 Base Eye Height

UE4 会计算角色的视角高度，通过把胶囊体组件中的 Half-height 属性值与 Base Eye Height 属性值相加来得到最终的眼睛高度。

默认的 Base Eye Height 值是 64，对应的眼睛高度只有 152 厘米，对于大多数人来说感觉太矮了。男性的平均眼睛高度约为 175 厘米，女性的约为 160 厘米。可以取值 168 厘米作为折中值，这样计算得到的差值 80 厘米可作为 Base Eye Height 属性的值。

回到 Character 类的默认属性，在组件列表中单击根组件（BP_Interior_Pawn），设置 Base Eye Height 为 80。

使用 Controller Rotation Yaw（控制器旋转偏航角）

下一个将要认识的类默认设置是，关于玩家的视角旋转是如何确定的。偏航角（Yaw）是玩家的世界 Z 轴旋转，控制她左转或右转。

虽然你将保持默认值，但是了解这里发生了什么非常重要。管理旋转的不是运动组件，而是玩家控制器。此外，因为你不希望在向上和向下看时整个胶囊体都上下俯仰，所以只需要使用偏航角 yaw（世界 Z 轴旋转），将俯仰角 pitch 应用于作为 Pawn 父级的摄像机。

使用两个组件独立地处理偏航角 yam 和俯仰角 pitch，避免了一个交互式摄像机问题，该问题通常被称为**万向锁**（Gimbal Lock），是指摄像机在其旋转时不能保持水平稳定性。

启用 Controller Rotation Yaw 能够通过玩家控制器的 Control Rotation 参数自动匹配 Pawn 的偏航角 yaw。

9.3.2　设置移动速度

CharacterMovement 组件负责在场景周围移动角色并管理移动状态，还可以在此处找到与角色移动相关的默认设置，如行走速度、默认移动模式等。

在组件面板中找到 CharacterMovement 组件，然后选择它查看细节面板中的默认属性（参见图 9.5）。你可以使用细节选项卡面板顶部搜索栏旁边的眼睛图标过滤细节面板。

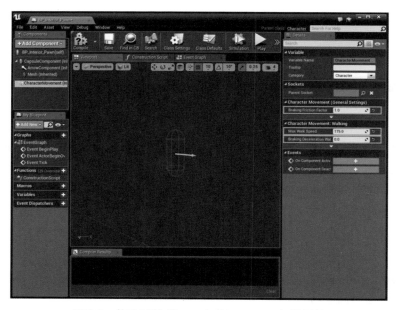

图 9.5　修改后的 CharacterMovement 组件属性

对于这个简单的项目，你不需要修改很多，但是请注意选项范围很广，你可以使用它们来创建大量不同的移动类型，从飞行和降落到游泳和攀爬。

Max Walk Speed（最大行走速度）

默认情况下，玩家被设置为以每秒 600 厘米（13 英里 / 小时）的速度移动。这对于大多数在房间中走动的人来说实在太快了。对于较慢的室内行走速度，可以将其设置为 150 ～ 175 范围内的某个值。

制动摩擦系数（Braking Friction）和减速（Deceleration）

有两项设置可以减慢角色的速度，两者的默认值都是某个很大的值（大概是人们以每秒 6 米的速度行走的高强度动作游戏）。

将 Braking Friction Factor 设为 1，Braking Deceleration Walking 设为 0.0。

这使得玩家能够平稳地停止，而不是在大多数游戏中为精确控制所实现的突然停止。这是个人化的设置，可以展示你如何使用 Character 类调节角色的 "感觉"。

现在你已经创建并修改了 Pawn 类，请在继续之前先保存它。请记住，新创建的资源不会自动写入磁盘，因此你必须手动保存它们。

9.4 输入映射

输入映射是项目范围的设置，允许建立通用输入事件，如用鼠标单击或按键，并从蓝图访问它们。

要访问输入映射，请找到菜单栏中的 Edit 菜单，然后选择 Project Settings。

在左边栏中选择 Input（参见图 9.6），就能看到输入映射首选项。

图 9.6 已经完成映射定义的输入映射对话框

9.4.1 动作和轴映射

动作映射（Action Mapping）是一次性事件，由单一动作事件触发，如按下一个按键和用鼠标单击。这些映射在一个 Tick 中触发。

轴映射（Axis Mapping）表示可以具有数值并且可以在帧与帧之间保持不变的事情。这就像你想要保持多快的速度前进或者左转 / 右转。它们被称为轴映射，因为它们传统上的参考物是游戏摇杆，是按轴定义运动的。

在现代界面中，这可能是鼠标在最近的 Tick 中移动了多少像素，一个被按下并按住的按键或者一个游戏手柄上的模拟摇杆的位置。

对于玩家的移动和旋转，你将仅仅使用轴映射。

9.4.2 建立映射

轴映射组由一组映射组成。每个映射有一个标签（Label）和一组输入，每个输入都有一个标量值（Scale）。

标签是映射在蓝图中引用的内容。你可以随意命名这个标签："Walk" "Turn" "EatShrimp"，没有固定的标准。无论你分配给该字段的是什么，都可以作为输入事件和轴值变量，可以被玩家控制器轻松访问。

每个被命名的输入轴都可以有几个输入。例如，名为 "MoveForward" 的映射可以同时分配给 W 键和 S 键。S 键的 **Scale** 为 -1，而 W 键的为 +1。这意味着当玩家按下 W 键调用此事件时，它将返回轴值 1，玩家按下 S 键将返回轴值 -1。通过这种方式，你可以进一步对输入进行分组，以避免游戏代码中出现太多事件。

在继续之前，参照图 9.6 建立你的输入映射。Project Settings 对话框中的设置将自动保存在项目的配置文件中。完成后不需要单击 Save 按钮，只需关闭首选项窗口即可。

9.4.3 输入设备灵活性

以这种方式建立输入还有一个优点是，能够以通用的方式使用来自多个设备的输入。按下 Enter 键可以与按下游戏手柄的 X 键或者鼠标右键产生同样的事件。这完全由你决定。

由于这种灵活性，UE4 没有设置默认映射。你可以自由地建立输入映射，使其完全符合你的输入系统需求。这些设置存储在项目的 Saved/Config/DefaultInput.ini 文件中，可以使用 Project Settings 界面中的按钮轻松地导入 / 导出，或者从其他输入文件中复制 / 粘贴文本内容。

9.5 创建玩家控制器类

现在，你已经拥有了一个 Pawn 和输入映射，需要将两者结合在一起。虽然你可以将输入和移动逻辑直接放入 Pawn 类，但它不是我们想要的设计模式。

玩家控制器（Player Controller）是为此准备的。顾名思义，玩家控制器的主要功能之一是处理玩家输入。请记住，当 UE4 应用程序运行时，始终会有一个玩家控制器，所以它非常适合放置需要始终工作的代码，例如输入处理。

创建你的玩家控制器的方式与之前制作 Pawn 和 GameMode 资源的完全一样，在**内容浏览器**中用鼠标右键单击，然后从 **Create Basic Asset** 菜单中选择 **Blueprint**。

在 **Pick Parent Class** 窗口中选择 **Player Controller** 类，并将新创建的资源命名为 **BP_UE4Viz_PlayerController**。

请务必保存你的资源，第一次就将它提交至磁盘。

9.6　使用蓝图添加输入

现在，你已经定义了输入，可以开始使用它们来驱动游戏中的事件了，这将通过蓝图脚本实现！让我们从打开蓝图编辑器开始。执行此操作，就像在 UE4 的许多其他编辑器中一样，只需要在内容浏览器中你的玩家控制器蓝图资源上双击即可。

打开玩家控制器后，你需要访问事件图，开始连接输入处理代码。如果蓝图编辑器窗口缺少事件图，并且在顶部显示有关"being a Data Only Blueprint"（仅是一个数据蓝图）的消息，则需要单击 **Open Full Blueprint Editor**（打开完整蓝图编辑器）以查看完整的蓝图编辑器界面。

准备就绪后，单击 Event Graph 选项卡。

添加轴事件

你需要检测早先设置的输入轴映射。当其中一个输入轴映射被触发时（通常在玩家执行你选择的操作时），它会触发一个可以从蓝图访问的事件。这被称为**轴事件**（Axis Event），它返回一个变量——**轴值**（Axis Value）。

轴值代表输入值乘以在输入映射对话框中设置的 Scale 值（参见图 9.6）。因此，按下 W 键会触发输入事件，在每个按住键的 Tick 期间返回 1.0，按下 S 键也会触发输入事件，但返回 -1.0，因为映射为其指定的 Scale 值是 -1。此外，这些值是累积的，因此如果玩家同时按下 W 键和 S 键，则输入轴值将返回 0，因为输入相互抵消。

键盘上的按键当然是数字式的，只能返回 1 或 0。但是，对于一个模拟输入设备（Analog Device），轴值也可以工作，例如游戏手柄返回值可以是每个轴 -1 和 1 之间的任意值，或者是鼠标输入，它返回自上次输入采样以来鼠标移动的像素数（有时称其为**输入增量**，或两个采样点之间的差值）。此设置使许多不同类型的输入可以使用相同的轴和相应的事件，从而简化了输入处理代码。

要将轴事件添加到玩家控制器，请用鼠标右键单击事件图的图形编辑器，并搜索设置中定义的轴名称（参见图 9.7）。只需要开始输入，列表就会动态过滤。

为你的每个移动轴映射添加一个事件：MoveForward 和 MoveRight（参见图 9.8）。然后为旋转映射添加两个事件：LookUp 和 LookRight。

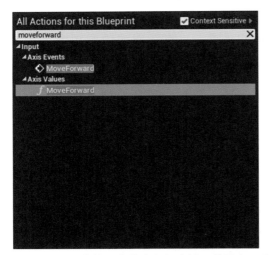

图9.7　在蓝图事件图中单击鼠标右键，使用上下文
　　　　菜单，搜索 MoveForward 轴事件

图9.8　添加的轴事件

请注意图 9.8 中的 Axis Value 引脚。它将返回一个浮点数，表示玩家输入值（Player Input value）经过输入映射中指定的 Input Scale 缩放后的值。

9.7　旋转视图（观察）

旋转视图非常简单。这要感谢你的 Pawn 所基于的 Character 类，你只需旋转玩家控制器（请记住，你的玩家控制器处理视图旋转），视图将会跟随。

因为这是一个常见的用例，所以 UE4 提供了一些很棒的快捷方式。**Add Yaw Input** 和 **Add Pitch Input** 是两个预制的函数，它们可以取得简单的输入值，并处理将旋转值添加到 PC 的控制旋转变量。

按照以下步骤创建这些节点。

1. 在事件图中单击鼠标右键，搜索 Add Yaw Input 和 Add Pitch Input。

2. 从 InputAxis LookRight 事件的 **Exec Out** 引脚（节点右侧的白色箭头）拉线，通过从一端拖动到另一端，连接到 Add Yaw Input 节点的 **Exec In** 引脚（节点左侧的白色箭头）。你可以向任意方向拖动引脚。

3. 连线 **Axis Value** 引脚，从 InputAxis LookRight 节点的 **Axis Value** 连线到 Add Yaw Input 节点的 **In Val** 节点。

4. 对于 LookUp 轴和 Add Pitch 函数重复同样的操作（参见图 9.9）。

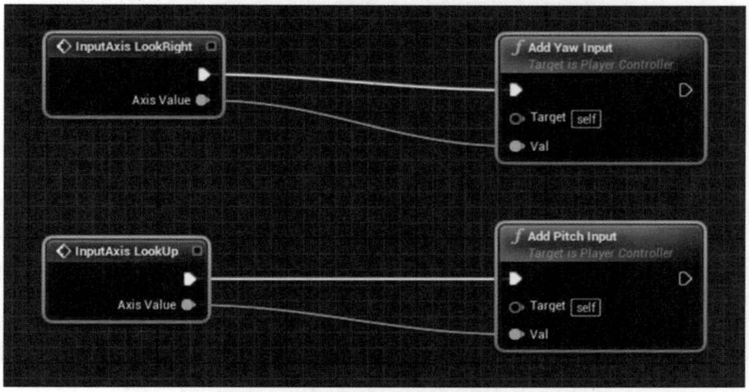

图 9.9 完成的旋转输入脚本

9.8 玩家移动

玩家移动的设置比起视图旋转要更复杂一些。玩家控制器需要告诉 Pawn 移动。为此，你需要使用蓝图通信的方式将玩家的输入数据传递给 Pawn，使它可以移动。

9.8.1 引用 Pawn

当玩家按下某个输入轴映射中的键并触发了事件时，你希望 Pawn 移动。要做到这一点，你必须与它通信，那么第一步就是获得对 Pawn 的**引用**。

你的 PC 所基于的 PC 类，为了便利，拥有一个 **Player Character**（玩家角色）变量，这个变量在任何时候都自动填充为对其占有的角色 Pawn 的引用。这使你可以直接访问你的角色并且方便地添加移动输入。

通过在事件图中单击鼠标右键，然后在弹出的行为列表（Actions List）中搜索 **Character**，你可以得到 Player Character 的引用。选择 **Get Player Character** 函数。

9.8.2 有效性

因为玩家控制器可以占有世界中几乎所有类型的 Actor，如果它没有控制一个基于 Character 类的 Actor 或 Pawn，Player Character 变量可能会返回 **none**。

为了避免这种情况，需要使用一个 **Is Valid** 分支来确保不会发生这种情况（参见图 9.10）。该脚本仅在 Player Character 值有效时才会继续，并且访问时不会返回错误。

当你"得到"世界中的其他 Actor 或对象，而它们又不是确定存在的时，一个好办法是总使用有效性检查。

图 9.10　得到一个 Player Character 的引用，并且检查是否有效

9.8.3　添加移动输入

Character 类已经具有在场景中使用移动组件（Movement Component）移动玩家的函数。该函数名为 Add Movement Input，但你需要使用与以往不同的方式访问它。

到目前为止，你一直在视口中单击鼠标右键并使用上下文菜单创建节点。此菜单仅显示所在蓝图中可用的节点。存储在其他蓝图中的函数、事件和变量需要引用后才能访问。

为此，从 Get Player Character 上的蓝色的 Return Value 引脚拉出一根线到图形编辑器中后释放。这时将出现一个上下文菜单，其中填充了与引用的类关联的函数、事件和变量（参见图 9.11）。请注意，上下文菜单显示"Actions taking a(n) Character Reference"，这告诉你已经成功引用了其他蓝图类。

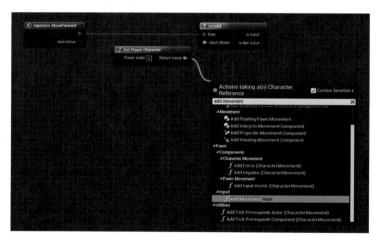

图 9.11　从 Character 类引用中添加 Add Movement Input

搜索 Add Movement Input，单击它并将其放置到事件图中，参照图 9.12 进行连接。

请注意图 9.12 中连接 Get Player Character 节点和 Add Movement 节点的 Target 输入的蓝线。这条线表示了对于玩家角色（Player Character）的引用。

获得 Forward 和 Right 向量

AddMovementInput 函数使用一个世界向量移动你的角色。此向量根据玩家面向的方向而变化，因此你需要清楚这一点并且使用它来确定移动的方向。

图 9.12 放置后的 Add Movement Input 函数

这里就需要 **Get Actor Forward Vector** 和 **Get Actor Right Vector** 函数的参与。它们将每个方向的世界旋转转换为归一化的 *XYZ* 向量。

与 Add Movement Input 节点类似，你必须从 Get Player Character 的返回值节点拖动一个引用来访问函数列表。搜索节点并把它们放置到事件图中（参见图 9.13）。你也可以看到对 Character 类中组件的引用，确保你选择了如图 9.13 所示的根组件的引用。

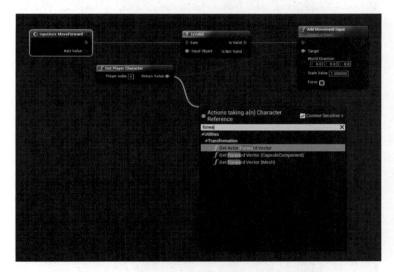

图 9.13 添加 Get Actor Forward Vector 函数

缩放输入

不需要使用很多向量数学，你就可以简单地将向量（ 3 个浮点数，如 *X*、*Y*、*Z*）乘以 InputAxis 事件的轴值，这样可以在每个方向上根据输入值缩放这个向量。

从 Get Actor Forward Vector 节点的 Return Value 引脚拉出一根线到事件图中，释放后可以看到一个 Vector 引用所能使用的成员方法。搜索 *（星号）查看可用的乘法函数，从列表中选择 **vector * float**（参见图 9.14）。

你可以将缩放后的向量值提供给 Add Movement Input 函数的 World Direction 输入引脚，完成你的向前移动代码。你还需要为 Move Right InputAxis 事件重复此过程。唯一的差别是需要将 Get Actor Forward Vector 函数替换为 Get Actor Right Vector 节点（参见图 9.15）。

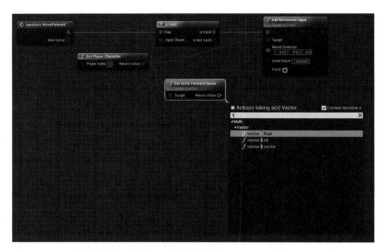

图 9.14   添加一个数学节点 vector * float

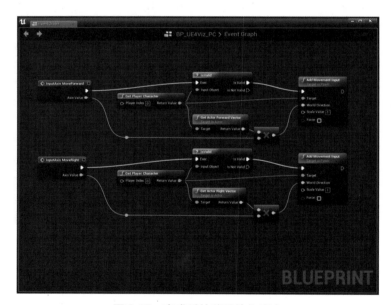

图 9.15   完成后的移动输入脚本

说明

你可以在蓝图编辑器中复制和粘贴节点，可以使用标准的键盘快捷键，也可以使用在图形编辑器选中的节点上单击鼠标右键后弹出的上下文菜单。在设置类似的代码块时，这样可以节省大量时间。

但是，如果你发现自己一遍又一遍地复制／粘贴完全相同的代码，请考虑创建一个可重用的函数。

祝贺！使用玩家的输入旋转 PC 和移动玩家的 Pawn 的工作已经完成。现在，你需要在单击 Play 按钮时让游戏世界使用你的类，然后就可以开始了。

9.9 GameMode

引擎在加载关卡时需要查看 **GameMode** 类，以确定需要生成的玩家控制器、Pawn 和其他辅助类。

9.9.1 创建 GameMode

按照以下步骤可以创建一个新的 GameMode 资源。

- 在内容浏览器中单击 Add New 按钮，选择 Blueprint 类。
- 选择 **Game Mode Base** 类，将资源命名为 **BP_UE4Viz_Interior_Game**。然后按回车键创建资源。
- 通过在内容浏览器中选中并双击新创建的 GameMode 资源，可以打开它。你将看到一个包含类的列表，这些是你可以在该 GameMode 中定义的类。在这个项目中，指定你创建好的 Pawn 和玩家控制器（参见图 9.16）。
- 关闭蓝图编辑器，选择 **File > Save All** 保存当前状态。

图 9.16 为 GameMode 类指定 Pawn 和玩家控制器

9.9.2　指定项目的 GameMode

有两种方式可以在一个 UE4 关卡中定义使用哪个 GameMode 类：使用 Project Settings 对话框设置项目范围内的默认项，或者通过对每个关卡的覆写。因为你希望新的 GameMode 在此项目创建的任何关卡上运行，所以应该将其设置为项目默认项。

通过选择 **Edit** > **Project Settings** 来打开 Project Settings 对话框（参见图 9.17）。几乎在所有编辑器窗口中都可以找到 Edit 菜单。

图 9.17　导航到 Project Settings 对话框

在 Project 下选择 Maps and Modes。在 Default Modes 部分，选择新制作的 BP_UE4Viz_Game 类（参见图 9.18）。

图 9.18　将 BP_UE4Viz_Game 类指定为项目默认项

9.10 放置玩家起始点 Actor

如果说有一件事很容易被遗忘但又非常重要,那就是玩家起始点(Player Start)Actor。

如果没有玩家起始点 Actor,那么无论是独立运行或是打包发布运行,游戏加载时将不知道在哪里生成你的 Pawn 类。当你在编辑器中使用 PIE 模式运行时,如果没有一个玩家起始点,你的 Pawn 将默认在活动视口中生成当前摄像机的位置。这导致了很容易忘记放置玩家起始点,因为即使它没有被正确设置,你的关卡似乎也能正常工作。

要放置玩家起始点 Actor,请从放置模式面板(按 Shift+1 组合键显示)的类浏览器中拖动它,如图 9.19 所示。蓝色箭头(属于玩家起始点 Actor 的 3D 箭头,而不是黄色箭头)表示玩家在生成时面对的方向。

图 9.19 放置玩家起始点 Actor 并将它转向场景

现在应该可以单击 Play 按钮了,你的自定义 Character Pawn 将会在游戏中生成。你应该能马上注意到,通过应用物理,你被锁定在地面上而且无法穿过墙壁。

当你四处走动后想要返回编辑器时,只需按键盘上的 Esc 键就可以退出会话。

请务必保存你已经完成的工作进度。

9.11 总结

恭喜！你已经创建了一个自定义的 UE4 GameMode，其中包含一个玩家控制器、Pawn 和自定义输入映射，并在项目中将你的这些新类设置成了项目默认项。

可以将这些类作为基础，添加新功能和进一步定制 UE4，以满足项目需求。

第10章

打包和发布

现在，你已经有了一个关卡及相关的Pawn、玩家控制器和游戏模式，可以在关卡中四处走动，是时候准备让它作为独立应用程序运行了。这通常被称作打包。打包后，你将能够像任何其他可安装的应用程序一样共享你的应用程序。本章将引导你完成打包应用程序的过程。

10.1　打包构建与编辑器构建

当你使用编辑器中的 Play 按钮运行应用程序时，实际上只是在编辑器中运行另一个窗口，而不是独立的应用程序。编辑器使用你的 Content 文件夹中的资源、地图，以及已经加载到内存（RAM）中的内容来填充世界，编辑器代码运行整个模拟。这样，使得启动、测试和迭代的速度非常快，但它需要安装整个 UE4 编辑器。

这显然不是你希望将应用程序交给客户或公众的方式。

要为你正在开发的平台创建一个独立且可以轻松分发的应用程序，你的内容必须经过**打包**。打包过程对你的内容进行处理，创建一个独立的应用程序，它就像其他游戏或应用程序一样容易分发。

你也可以通过从工具栏中的 Play in Editor 选项菜单中选择相关选项来在独立模式（Standalone Mode）下测试应用程序。这样将在一个单独的进程中启动当前加载的关卡，这更像一个打包的构建版本，但又不是。构建和测试应用程序非常重要——编辑器和打包构建的版本之间可能会出现错误和不一致。

10.2　项目打包

大体上说，打包过程处理你的内容和游戏代码，对其进行优化，并为你选择的平台创建一个可执行的应用程序。

打包构建版本试图加载尽量少的内容到内存中。这是为了确保性能和兼容性的最大化。但是，它可能会引入一些问题，尤其是在运行时使用关卡流送（Level Streaming）和加载资源时。对于简单项目这不是问题，但是较大的项目应该定期使用打包构建版本进行测试，以避免此类问题。

10.2.1　内容烘焙

烘焙还要经过以下过程：编译所有着色器、压缩所有纹理贴图及改进项目中的任何重定向器（Redirector）。这样，在执行此操作时，玩家就无须等待应用程序加载。

这可能需要一些时间，并且非常占用 CPU 和内存资源。请使用一台强劲的机器烘焙你的项目。项目中的资源、材质和纹理越多，所需的时间就越长。

然后，烘焙过程会获取所有已处理的资源和类，并将其复制到一个 .pak 文件。这个 .pak 文件被设计为可以快速读取的文件，即使最慢的驱动器也能让你的应用程序快速加载。

10.2.2　部署

打包过程将经过烘焙的内容与引擎的二进制文件匹配，并将它们都放在一个文件夹中进行分发。这个最后的步骤创建了一个独立运行的应用程序，可以在不安装编辑器的情况下运行。

10.3 打包选项

UE4 可以为大量平台和系统（iOS、Windows、Mac 等）生成打包项目。为了这种灵活性，也增加了一些选项。

10.3.1 平台

目标平台是硬件 / 软件的组合，你尝试创建的项目将在这个组合中运行。

你可以为 UE4 支持的各种平台打包你的项目。从移动设备到 Windows、Mac 和 Linux，再到控制台，UE4 可以为几乎所有最流行的设备和操作系统打包你的项目。

每个平台都有自己的优化、输入方法和其他必须考虑的限制。本书仅关注桌面平台（Mac 和 Windows）。

10.3.2 构建配置

另一个必须做出的主要决定是构建配置（Build Configuration）。两个主要的选项是发布版（Shipping）和开发版（Development）。

发布版和开发版构建之间最大的差异是访问调试工具、日志记录和命令提示符。开发版构建支持这些功能，而发布版构建将这些功能剥离。

我通常使用开发版，除非我打算打包一个规模较大的版本向公众发布。在我需要调试一些问题时，控制台命令、日志记录和调试信息都是有用的。

如果你希望将应用程序分发给公众并且不希望他们有权访问控制台，那么发布版非常有用。

10.4 如何打包

打包项目最方便的方式是通过编辑器。只需要从 File 菜单中选择 Package Project。此菜单提供了一些选项，而且提供了 Project Settings 对话框中一些更详细选项的快速访问方式（参见图 10.1）。

选择所需平台后，系统会提示你选择保存打包项目的位置。不要将打包的项目放入项目文件夹中，这可能会引起混淆。

打包需要一些时间。将会显示一个小的消息框，让你知道打包正在进行（参见图 10.2）。此过程是完全线程化的，因此你可以在后台处理内容时继续做项目上工作。

图 10.1   UE4 编辑器中的打包菜单

图 10.2   UE4 编辑器中正在打包的消息

10.5   启动你的应用程序

编辑器会提醒你打包完成（参见图 10.3）。

图 10.3   编辑器中的打包完成通知

找到你之前定义的目录，查找名为 WindowsNoEditor 的文件夹（在另一个平台上可能会有所不同）。你可以重命名这个文件夹。

在这个文件夹中，你将看到一个可执行文件和一些包含所有数据和类的文件夹，以及一个轻量级二进制版本的引擎（参见图 10.4）。

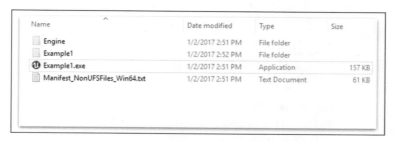

图 10.4　Windows Explorer 中的打包项目

只需要双击可执行文件就可以启动你的应用程序。你的应用程序将会启动，加载你构建的关卡，并生成合适的玩家控制器和 Pawn，使你可以使用鼠标访问。

10.6　打包中的错误

有时候，打包过程中会遇到错误。简单的蓝图编译错误或磁盘空间不足可以打断整个打包过程。

在发生这种情况时，你应该求助于 **Output Log** 窗口，它在大多数情况下可以提供有用的信息。

要访问 Output Log 窗口，请在编辑器中使用菜单 Window > Developer Tools > Output Log（参见图 10.5）。为了方便访问，我通常将此窗口停靠在内容浏览器中。

图 10.5　Output Log 窗口

10.7　发布项目

你现在可以复制、压缩此文件夹并将它发送给任何你想要发送的人。这真的很简单（在大多数情况下）。

当然，你仍然有平台问题和硬件兼容性问题，但这些对于任何应用程序都是同等的。

某些尝试运行你应用程序的计算机可能缺少 UE4 所需的某些系统组件。这些组件被称为**必备项**（Prerequisite）。默认情况下，这些文件包含在打包的项目中。如果打包的 UE4 项目检测到它们未安装，它会在尝试运行可执行文件时提示用户安装它们。

除了必备项外，打包的 UE4 应用程序不需要任何形式的正式安装过程，它可以从任何位置运行。

10.8　使用安装程序

UE4 没有内置任何安装打包程序。你可以选择为正在开发的应用程序和目标平台开发或者使用一个安装程序（Installer）。但是，UE4 不需要正式安装，因此提供包含项目文件的 zip 文件和一些简单的说明通常就足够了。

当然，如果要设置桌面快捷方式、注册卸载信息，以及一个完整安装程序执行的所有其他操作，那么你需要开发一个安装程序。

这些任务超出了本书的范围，但是有许多免费和商业的制作安装程序的应用，可以使这些任务变得非常简单。

10.9　总结

现在，你已经在 UE4 中从头构建了第一个应用程序，你一定感到非常有成就感。恭喜你！

下面几章将通过着眼于数据通道和一些最重要的可视化系统（如 Lightmass、Sequencer 和一些特定的蓝图），来探索一个更传统风格的可视化项目。

第 3 部分

建筑可视化项目

第11章

项 目 建 立

现在你已经对如何使用UE4创建一个简单场景有了很好的理解，接下来可以深入了解一个真实的例子。室内可视化对于建筑师、市场营销人员、设计师和潜在买家来说非常重要，并且是UE4中最常见的可视化类型之一。在本书的这部分，你将学习和探索使用Lightmass生成高质量的全局照明（GI）光照、使用Sequencer构建和渲染一个过场动画漫游。然后，你将学习如何使用蓝图创建动态交互。

11.1　项目范围和需求

在这个例子中，假设你已经获得了建筑内部的 3D 模型（参见图 11.1），同意制作一个交互式可视化应用程序，它能够让玩家以第一人称行走的视角自由探索空间。玩家应该能够使用简单的、鼠标驱动的用户界面修改一些特定的材质。客户还要求使用 Sequencer 开发一段建筑动画，并且录制成视频以便离线回放和编辑。

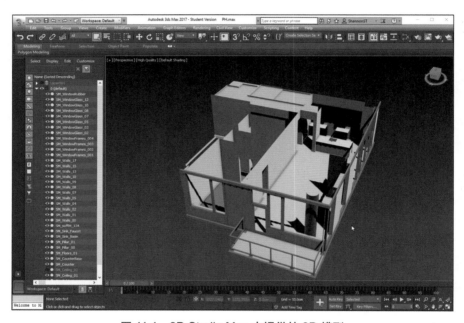

图 11.1　3D Studio Max 中提供的 3D 模型

第一步是准备导入 UE4 中的 3D 模型，包括正确的材质、*UV* 坐标和光照贴图坐标，并且专注于清理几何体，使它们可以方便导入并且易于更新和迭代。我还将向你展示如何利用 UE4 的自动光照贴图坐标生成功能来节省时间并提高场景质量。

在将模型导入 UE4 之后，马上开始应用材质和放置光源、反射探头、灯饰（Lighting Portal）和后期处理体积的迭代过程，以快速地获得精美的结果。

有了令人满意的场景后，下一步是使用 Sequencer 创建动画漫游。你将学习如何轻松创建引人注目的动画，以及如何使动画可以根据玩家输入播放和停止。

接下来将第 9 章中开发的 Pawn 合并到新项目中，设置场景使玩家可以在启用碰撞的状态下漫游场景，建立合适的 Actor 和世界设置。

最后一步是使用蓝图和 UMG 创建材质和几何体切换系统，这是最后一层的打磨，使应用程序准备好打包并交付给客户端。

> **说明**
>
> 不要忘记，你可以从本书的配套网站上下载此项目和所有相关的源文件，并跟随着学习。

以下是这个项目的需求。

- 使用客户提供的 3D 模型开发一个室内建筑可视化应用程序。
- 使用 Lightmass 创建高质量的全局照明光照，目标是生成照片级的真实感。
- 使用 Sequencer 创建预定义的建筑动画，使用多个摄像机角度切换。
- 将第 9 章的 Pawn 合并到项目中，准备场景，使玩家可以在空间中移动。
- 开发一个基于 UMG 的 UI，使玩家可以切换场景的不同版本。
- 开发一个鼠标驱动的材质切换蓝图。
- 为发布打包项目。

11.2 建立项目

本节介绍如何从 Epic 启动器创建空白项目，并将玩家控制器、游戏模式、Pawn 和所需的配置文件迁移到新项目。

通过此迁移，你能够以第 9 章中构建的系统为基础进行构建，可以专注于为 UE4 准备 3D 和 2D 源数据。

11.2.1 创建项目

使用 **Epic 启动器**，以想要使用的引擎版本开始，当项目浏览器显示时选择 **New Project** 选项卡。

这次，你将无须包含 Starter Content，所以取消勾选这个复选框，但请将 **Target Hardware** 设置为 Maximum Quality。

命名这个项目为 Example2，放在前一个项目 Example1 的旁边。

> **说明**
>
> 打开编辑器的唯一方法是打开一个项目。你也可以在编辑器中通过选择 **File > New Project** 创建一个项目。

11.2.2 从其他项目迁移内容

你可能经常想要使用以前项目中制作的资源、蓝图和其他工作，想将它们复制到新项目中。

　　UE4 依赖于资源之间引用的概念。例如，材质可能引用一些纹理。每个材质则被应用它的网格体所引用，甚至也被它衍生出的材质实例引用。

　　因此，在项目之间手动复制内容时必须小心，以便能够保留这些引用和正确的文件夹结构；否则，引用将无法保持，从而可能导致目标项目中的加载错误、故障，甚至崩溃。

　　将内容从一个项目复制到另一个项目最可靠的方法是，使用编辑器的 **Content Migration**（内容迁移）功能。迁移可以确保希望复制的资源所引用的所有资源都被复制到目标项目中。

　　要将内容从一个项目迁移到另一个项目，请在编辑器中打开源项目（包含要复制的文件的项目）。在此处就是指 Example1 项目。

　　打开后，在内容浏览器中选择想要复制的资源。你可以选择单个资源、关卡或整个文件夹。在这个例子中，选择 **Pawn**、**PC** 和 **Game Mode** 资源（参见图 11.2）。单击鼠标右键并选择 **Asset Actions>Migrate**。

图 11.2　从 Example1 项目迁移资源

　　一个摘要对话框将会出现，列出了将要复制到新项目的文件。检查一下，确保你需要的每个文件都包含在内，而且没有任何你不希望存在的东西（参见图 11.3）。

　　确认这个摘要对话框后，会显示一个界面询问新项目中新的 **Content** 文件夹。导航到新项目的 **Content** 文件夹，然后单击 OK 按钮（参见图 11.4）。

　　UE4 复制文件并报告成功信息。你应该能立即在新项目的 Content 文件夹中看到复制的内容。

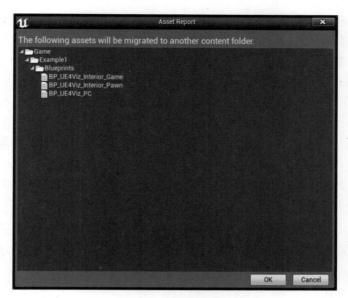

图 11.3 迁移文件列表

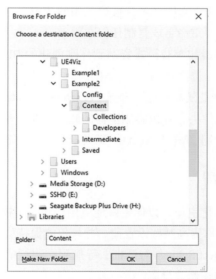

图 11.4 在新的 Example2 项目中定位 Content 文件夹

11.2.3 不要忘了"输入"

在第一个项目的输入设置中做了大量的工作，并且很容易将它们放入新项目中。实际上，PC 和 Pawn 此时将无法编译，因为它们引用了为 Example1 创建的输入绑定。

这些设置存储在项目的 Config 文件夹中。这些文件不受内容浏览器的管理，在使用 Content Migration 工具时不会被复制，因此你必须手动移动它们。

为此，请在源项目的 Config 文件夹（Example1\Config\）中找到 DefaultInput.ini 文件，并将其复制到目标项目的 Config 文件夹（Example2\Config\）。

11.2.4　复制、重命名和移动资源

打开 Example2 项目后，可以注意到一个名为 Example1 的文件夹，其中包含了 Pawn、玩家控制器和游戏模式。

你希望将这些内容移动到一个独立于项目而且容易查找的新文件夹中，现在是删除内容浏览器中的 Example1 文件夹的好时机。你现在可以开始 Example2 的工作了！

始终使用内容浏览器处理 Content 文件夹中的移动、复制、重命名或任何其他文件操作。这样可以确保对移动或重命名资源引用的维护。如果需要，将创建**重定向器**。这些都是 1 ~ 2KB 的小文件，用作指向资源正确位置的指针。

按照以下步骤操作。

1. 在 Content 文件夹中创建一个新的名为 **UE4Viz** 的文件夹，在此文件夹中再创建一个名为 **Blueprints** 的文件夹。我选择这个文件夹来放置可重用的代码，这样我可以将这些内容从一个项目迁移到另一个项目，而不需要重命名或复制任何东西。

2. 拖动 Pawn、玩家控制器和游戏模式资源到你刚创建的 Blueprints 文件夹中。UE4 会询问你想要移动还是复制这些资源。选择移动。

3. 在 UE4Viz 文件夹上单击鼠标右键，选择 **Fix Up Redirectors in Folder**。

4. 删除旧的 Example1 文件夹，在内容浏览器的此文件夹上单击鼠标右键并选择 Delete。

5. 在内容浏览器的工具栏上单击 **Save All**，确保你的所有更改被存储到磁盘中。

11.3　应用项目设置

一些渲染选项可以帮助优化引擎，以便更好地应用于建筑可视化。这些场景的密度通常比电子游戏场景小得多，这可以让你提高某些设置值，并且仍能保持稳定的帧速。

通过编辑器菜单打开 Project Settings 对话框，导航到左边栏的 Rendering 按钮（参见图 11.5）。按照图 11.5 和随后列表中的描述修改设置。

- **禁用 Texture Streaming**：设计这个设置项，是为了使大型游戏世界可以运行在主机和老旧的 PC 硬件的有限内存上。在使用建筑网格体和高分辨率光照贴图时，它可能会导致光照贴图错误。禁用 Texture Streaming 会立即强制将关卡中使用的所有纹理加载到内存中。请谨慎使用此设置项。Texture Streaming 对于复杂场景是非常重要的优化，禁用它可能会导致性能问题。

图 11.5　项目渲染设置

- **设置 Reflection Capture Resolution**：为了获得最高质量的反射，你可以提高放置在场景中的 Reflection Capture Actor 的分辨率。

  小心不要把这个设置值调得太高：如果你有很多高分辨率的反射捕捉，它们可能会占用大量的内存。我建议这个设置值不要超过 512，除非你在每个关卡中只有一两个反射捕捉。

- **打开 Support Global Clip Plane for Planar Reflections**：镜像和反射是可视化的主要内容，UE4 支持镜面风格的平面反射。这是一项非常昂贵的设置，你应该只在你绝对需要它的时候启用它。即使反射没有在屏幕上被渲染，它们也会对项目范围内的渲染性能产生重大影响。

  你可以削弱这个影响，使用细节面板禁用许多重度功能，例如某些屏幕空间的环境光遮蔽和反射之类的后期处理设置。你甚至可以限制可见的 Actor 或反射场景将渲染的距离。

- **关闭 Separate Translucency**：Separate Translucency 可以提升具有大量 Alpha 透明效果（如火花和爆炸）的游戏的性能。这些视觉效果在应用像景深这样的效果时会非常昂贵，所以这些效果会被后期处理管线分开渲染或忽略。你不想要也不需要这个功能，因为你希望半透明表面尽可能逼真。

  这项设置对于蒙版类型的材质没有效果，所以像植物这样的物品通常不会受到影响。

- **关闭 Ambient Occlusion 与 Ambient Occlusion Static Fraction**：这两项设置适用于屏幕空间的环境光遮蔽（SSAO）后期处理效果。SSAO 是为动态光照场景和对象添加细节的好方法。因为你的场景几乎是完全静态的，而且你使用的是高质量 Lightmass 设置，因此你可以禁用此设置以显著提升性能，尤其是在更高的分辨率下。

这些设置仅影响 SSAO 效果，不会影响由 Lightmass 计算的 AO。Static Fraction 控制 SSAO 效果与烘焙的光照贴图混合的程度，有一定的性能开销，可以通过关闭此效果来降低开销。

项目设置会自动写入项目的 DefaultEngine.ini 文件，不需要在关闭首选项窗口之前进行保存。但是，由于我们更改了像 Planar Reflections 这样的设置，所以你需要重新启动编辑器才能初始化这些设置。再次打开编辑器后，你可能会经历一次着色器的重新编译过程，这需要一段时间，但是应该只会发生一次。

11.4　总结

你的项目现在已经准备就绪。启用 UE4 的某些高级渲染功能并关闭一些不需要的渲染功能，这样可以提高图像质量并避免纹理流送（Texture Streaming）、SSAO 和半透明材质等问题。

你还学习了如何使用 UE4 的内容迁移（Content Migration）功能将你的工作从一个项目转移到另一个项目，确保你不必为每个项目重复"造轮子"。另外，使用 .ini 文件复制了输入设置。

你现在已准备好开始学习如何照亮你的世界、应用材质，以及使用蓝图和虚幻运动图形（Unreal Motion Graphics，UMG）提供给玩家进行交互式更改的能力。

第 12 章

数据通道

第一感觉，将精确的建筑数据导入UE4看起来很有挑战性，而且与你的工作流程有点不一致。但是通过一些策略、工作流程和对工作原理的理解，你将能够轻松地在UE4中放入任何类型的数据。你可以毫不费力地导入大量数据集到UE4。

12.1   组织场景

对于这个项目，你的大量时间将花费在 UE4 之外，在 DCC（Digital Content Creation，数字内容创造）应用程序中创建要导入 UE4 的 3D 模型和纹理。

假设场景：你的客户提供的数据有很高的质量。数据几乎是"开箱即用"的，但你仍然希望花时间准备内容，以便尽可能轻松、可靠地进入 UE4。

先在 3D 应用程序中组织场景。CAD 和工程应用程序通常不会生成以最优雅的方式命名或组织的场景。通常会使用特定逻辑来命名对象，这样的命名很难阅读，或者与 UE4 或 FBX 通道不兼容。名字太长或者包含复杂字符，则可能会在 FBX 导出器和 UE4 中产生问题。

针对特定内容确定最佳的组织方式，并且使你的工具和过程适应 FBX 通道的需求，具体由你决定。

在本例中，你可以使用简单的重命名脚本来简化场景中对象的名称，并使它们符合被普遍接受的静态网格体以 SM_ 为前缀的 UE4 命名方案（参见图 12.1）。

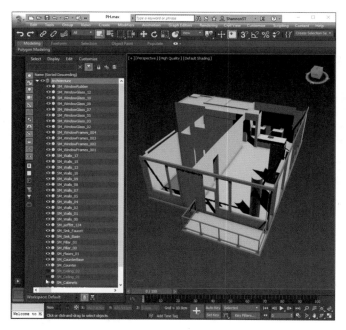

图 12.1   3D Studio Max 中经过组织的 3D 场景

相对来说，现在这样做既快速又方便，如果尝试在导出后或在 UE4 中重命名所有内容将复杂许多。

你可能还希望根据模型的类型将场景分层排列，最常见的类型是道具和建筑。这样可以很容易选择需要导出的层，或者控制场景中对象的可见性。

12.2　材质

虽然 UE4 不支持从 3D 应用程序完全导入 / 导出材质，但它支持导入基本的材质功能，例如颜色和简单的纹理贴图。初次建立场景时，即使仅导入基本材质，也可以节约大量时间。

UE4 还支持将你的材质属性指定给特定父材质的特定参数。不会为每个导入的材质建立一个材质资源，而是创建一个材质实例资源并设置它的参数。这是一个对于高级用户来说很棒的工作流程，我建议你在需要提高工作流程效率时想到使用它。

请注意，UE4 仅支持应用程序标准的材质。来自自定义渲染器（如 V-Ray）的材质，可能根本无法使用，或者可能会变得很糟糕。

在这个例子中，源模型使用 Autodesk 建筑材质，其不符合 UE4 支持的纹理格式和输入。我使用了一个简单的脚本，将每个材质替换为一个同名的标准 3D Studio Max 材质，丢弃所有其他参数，并在可能的情况下为漫反射输入分配简单的位图。

UE4 还支持多维子对象（Multi-subobject，MSO）材质，但是网格体需要为每个面指定材质 ID，而且一个 MSO 材质需要为每个 ID 都分配一个独特的材质。例如，Max 中的一个有 4 个材质 ID 的网格体仅分配了一个材质，导入 UE4 后它将是一个只有一个材质 ID 的网格体。

你还应该花时间重命名材质和纹理以符合命名约定。同样，这在你的 3D 应用程序中比在 UE4 中容易得多。

12.3　建筑和固定物

首先，你需要将主要的建筑网格体（墙壁、地板、天花板、固定物和设备）导入 UE4 并放入我们的场景中。这些网格体是唯一的而且不需要移动。将它们放置在与源数据完全相同的位置也很重要。

12.3.1　确保干净的几何体

干净的光照需要干净、合适的几何体。闪烁、斑点和光照错误的修复需要漫长而令人沮丧的光照构建过程，因为在重新导入几何体后需要重建光照。

两个最大的凶手是错误面的法线（翻转的面）和重合或叠加的面。两者都会导致闪烁和错误的光照。Lightmass 无法正确计算离开这些面的光照，经常会返回黑色。

要查找翻转法线，请关闭 3D 应用程序中的背面剔除（Backface Culling）或双面材质。某些应用程序还提供了可视化工具，以帮助你更容易地找到翻转的面。

找到重合面可能会更难。出于性能原因，UE4 使用 16 位的深度缓冲区，当面堆叠得过于紧密时，UE4 比光线跟踪渲染器更容易出现闪烁。一个有许多重叠面的模型需要仔细清理。许多错误可能无法显现，直到将它们导入 UE4 并看到它们闪烁。耐心点，你总能发现的。确保建立良好的迭代工作流程，这样可以减轻修复此类问题的痛苦。

你同样需要避免单面的网格体。光线将穿过背面并导致光线泄露和其他渲染错误。在这个场景中，我必须创建外墙、天花板和地板体，以确保良好的光照。

12.3.2 使用良好的 UV 坐标

在 UE4 中，具有良好的 UV 坐标是必不可少的。不良的 UV 坐标不仅使材质难以应用并且看起来很差，而且还会对对象的渲染质量产生不利影响。

基础通道（通道 0）

通道 0，即基础通道，是用于将纹理应用于网格体的默认通道。

提供的模型包含具有良好 UV 坐标的网格体，但它们平铺得太细，每 1 厘米重复一次（CAD 数据通常会映射到这样的真实世界单位）。虽然你可以在 UE4 材质中缩放纹理以进行补偿，但我不愿意这样做，因为它使预览网格体难以阅读——纹理因为需要补偿而被大范围拉伸了。

我倾向于将 UV 坐标比例设置在 1 米左右。为此，我可以通过应用一个盒体 UV 修改器（Box UV Modifier）（参见图 12.2），或者像这个模型中的坐标一样，如果已经存在真实世界比例坐标，可以使用一个 UV 贴图缩放修改器（UV Map Scaler Modifier）来缩放坐标到一个对 UE4 更友好的比例。

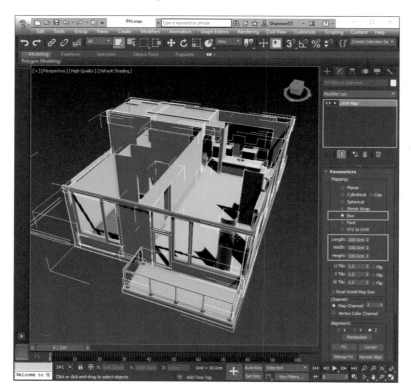

图 12.2 应用一个单独的、实例化的 Box UVW 贴图修改器到所有墙壁、
地板和天花板

Lightmass（通道1）

Lightmass 需要干净、不失真的 *UV* 坐标才能有效。你可以在 3D 应用程序中重新打包坐标，也可以依赖 UE4 的重新打包系统。

我通常依靠 UE4 的自动光照贴图坐标打包系统（Automatic Lightmap Coordinate Packing System），确保我的模型在导出之前具有良好的基本通道 *UV* 坐标。更复杂的网格体可能需要手动编辑这些坐标以获得最佳结果，但该系统对于大多数网格体来说都很有效。

此系统不会以任何方式分割边缘、应用或修改 *UV* 图表，而是仅获取通道 0 的 *UV* 数据并重新打包它。

为本章示例提供的模型是在 Autodesk Revit 中构建的，已经具有高质量、平铺的 *UV* 坐标。这是幸运的，模型能够轻松导入 UE4，因为坐标与自动 *UV* 生成器兼容。

对于没有 *UV* 坐标的场景，或者当你对自己的场景进行建模时，你仍然可以使用 UE4 中的自动打包功能，但是你必须确保你的基础 *UV* 坐标是干净的，没有 *UV* 失真，并且具有良好的拼接。

大部分墙壁、地板和天花板都可以使用盒体映射方式进行映射。当然，非方形面可能需要额外注意，但是如果你的基础纹理映射看起来很好，UE4 应该能够为你设置一个好的光照贴图坐标。

12.4 导出场景

现在你的网格体已经准备好，是时候让它们进入 UE4 了。为此，首先需要将它们保存为 UE4 可以导入的文件格式。对于静态网格体，选择的文件格式为 FBX。

有几种方法可用于将模型导出为 FBX。每种方法都既有优点又有缺点，每种方法都有自己最适合的情况或场景。

12.4.1 使用多个 FBX 文件

我更喜欢的选择是，将场景中的每个对象导出为独立的 FBX 文件。这样做可以让我对数据进行最大程度的控制，并且可以轻松、可靠地更新、导出和重新导入数据。

大多数 3D 应用程序不支持批量导出 FBX 文件，这迫使你很麻烦地逐个导出它们。因此，我开发了一个 Max 脚本，使我可以快速执行此操作（参见图 12.3）。你可以在本书的配套网站上获取此脚本。

请务必注意，UE4 使用 FBX 文件名作为导入网格体的名称，会忽略在 3D 应用程序中指定的名称。

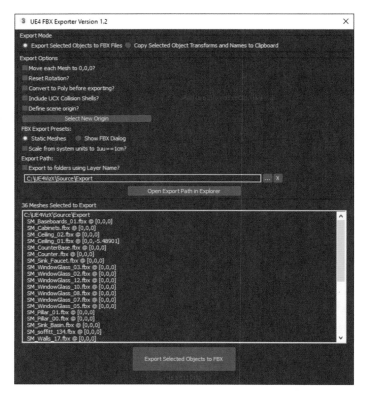

图 12.3   用于为 UE4 批量导出 FBX 文件的 Max 脚本，更多信息参见本书的配套网站

12.4.2   使用单个 FBX 文件

你也可以选择导出所有几何体到一个单独的 FBX 文件。UE4 可以通过多种方法导入其中包含多个对象的单个 FBX 文件。有多种选择，使用一个单独、庞大的静态网格体，或者使用内容浏览器单独导入文件中的每个对象为静态网格体。UE4 还在 File 菜单中提供了 **Import to Level**（导入关卡）功能，可以自动导入复杂、层次化的完整模型，包括摄像机、光源和动画。

这些不同的选择都非常易于使用，是快速将大型数据集导入 UE4 的好方法。

我遇到的这些方法的最大缺点是，难以从 FBX 文件中更新特定的网格体或一组网格体。UE4 期望FBX文件的结构在每次重新导入时保持一致，因此重新导入静态网格体很容易出现错误，除非你导出时非常小心并为每个 FBX 文件维护一组严格的导出对象。

12.5   导入场景

根据你导出数据的方式及你希望在自己的场景中管理数据的方式，在你导入内容到 UE4 时有几个不同的选择。

12.5.1　导入内容浏览器

如果你将内容导出为独立的 FBX 文件，那么你可以逐个导入它们，也可以通过从系统文件中拖放 FBX 文件（参见图 12.4）或使用内容浏览器中的 **Import** 按钮批量导入它们。

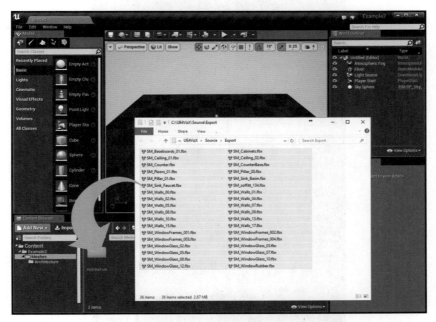

图 12.4　通过从 Windows 文件浏览器拖放到 UE4 内容浏览器的方式导入多个 FBX 文件

如果你将内容导出为包含许多网格体文件的单个 FBX 文件，那么可以将这些文件作为单个合并的静态网格体资源导入内容浏览器，或者将它们作为独立的网格体，通过在导入 FBX 文件时出现的 FBX Import Options 对话框里的 **Combine Meshes** 进行选择（参见图 12.5）。

正如你在图 12.5 中所看到的，此对话框提供了许多选项，其中大多数选项可以保留默认设置，但有一些值得注意的例外情况。

Auto Generate Collision

Auto Generate Collision 选项会在网格体周围创建一个非常简化的碰撞盒，通常不适用于可视化数据。因为这个场景很简单，所以可以依靠每个多边形（Perpolygon）的碰撞。这比使用低多边形碰撞基本体更昂贵，可能在更复杂的场景中导致性能问题。对于这个项目，你应该将它设置为 **false**。

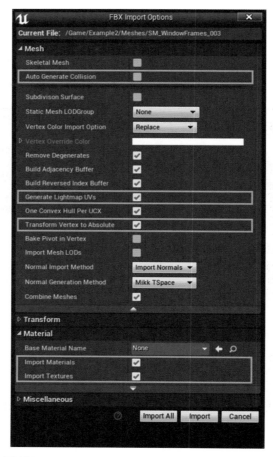

图 12.5　FBX Import Options 对话框。禁用 Auto Generate Collision，
启用 Generate Lightmap UVs、Import Materials 和 Import Textures

Generate Lightmap UVs

你已经确保网格体有良好、干净的 *UV* 坐标，所以自动光照贴图生成系统能够产生良好的结果。设置 Generate Lightmap UVs 为 **true**。

Transform Vertex to Absolute

Transform Vertex to Absolute 选项使你可以决定 UE4 使用的枢轴点是否与你的 3D 应用程序中创建的一致，或是设置为 0,0,0。对于你的建筑网格体，请把这个选项设置为 **true**。

Import Materials 和 Import Textures

为了能够与模型一起导入应用的材质和纹理，设置这两个选项为 **true**。

12.5.2 导入关卡

另一个选择是使用新的 **Import into Level** 功能。这使你可以导入一个 FBX 文件的内容，包括链接的层级、动画、光源和摄像机。

在 UE4 中使用菜单 **File > Import into Level**，选择你的 FBX 文件（参见图 12.6）。选择一个导入的目标文件夹（参见图 12.7）。

图 12.6 直接导入一个 FBX 场景到关卡

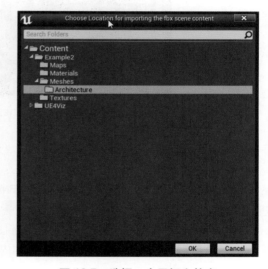

图 12.7 选择一个目标文件夹

将会显示导入 / 重新导入对话框（参见图 12.8），使你可以预览将导入的网格体和材质。这是一个好机会，可以快速浏览并确保你正在导入期望的内容。

请确保关闭 **Auto Generate Collision** 选项，因为它不适用于建筑可视化类型的网格体。你将对墙壁使用每个多边形的碰撞，而不是依靠近似碰撞对象。

导入程序将每个网格体导入为单独的 **.uasset** 文件，以及任何材质和这些材质应用的纹理。你也可以为导入的材质定义一个不同的文件夹。

一个单独的蓝图 Actor 将被创建，放置在加载的场景中，包含对每个网格体的引用。此蓝图与 FBX 导入数据资源配合使用，使你可以重新导入 FBX 文件，在重新导入时，它将添加、删除和修改网格体及材质以匹配 FBX 文件。

导入后请记住保存你的工作，因为如果没有明确的保存指令，导入的网格体不会保存到磁盘中。

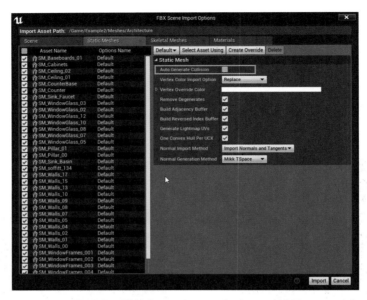

图 12.8　FBX Scene Import Options 对话框

12.6　道具网格体

椅子、眼镜和盘子都是我认为的**道具**（Prop），可以复制（并且 / 或者）在编辑器中需要移动或放置的网格体。

在本章的例子中，客户提供的模型中没有任何家具，但你得到了指导和参考资料。在此，你可以构建为 UE4 特制的 3D 模型，或者在你的内容库中找到可以导入的网格体。

> **说明**
>
> 通常，会提供给你一个数据集，包含了特定位置的道具。它们可能数以百计。例如，总体规划中的街灯，或者景观规划中的植物网格体。
>
> 可视化项目中常见的情况是，UE4 中没有一个明显的工作流程解决方案。我编写了一个 3ds Max 脚本，它可以将网格体位置复制到剪贴板，以便复制和粘贴到 UE4 中。你可以从本书的配套网站上下载这个脚本。

最好在 UE4 中放置道具，而不是在你的 3D 应用程序中。FBX 不支持实例，它将每个盘子、玻璃杯和椅子视为唯一的对象，如果将每个对象导入为唯一的 **.uAsset** 文件，每个对象都会占用内存、磁盘空间和处理能力。这也意味着，如果你需要更改任何内容，则必须更新对象的每个实例。

当场景中有很多重复的对象时，最好的方法是使用单个 **.uAsset** 文件，而关卡中包含许多对这个资源文件的引用。

另外，就像下面要介绍的，通过制作良好的枢轴点，可以使修改、移动甚至制作网格体动画比直接放置它们容易得多。

12.6.1 设置枢轴点

你必须以不同于建筑网格体的方式创作道具，最大的区别是枢轴点。尽管建筑网格体是在原地导出和导入的，导入时它们的轴点都被设置为 0,0,0，但是道具网格体导入时需要制作良好的枢轴点。

不能直接在 UE4 中编辑枢轴点，所以在你的 3D 应用程序中设置枢轴点是至关重要的。

将你的枢轴点放在希望网格体附着在世界中的位置。制作正确的枢轴点，可以在 UE4 中放置、移动甚至制作网格体动画时，节省大量精力。

对象的中心作为枢轴点通常不是最好的位置。在 UE4 中，Actor 的缩放、旋转和移动都基于枢轴点的位置。这也是放入关卡时与其他 Actor 表面对齐的位置。对于椅子和其他家具，这意味着你应该在家具接触地面的高度位置设置枢轴点。对于一幅带画框的画，应该设置在它的背后，其附着在墙壁的位置。

UE4 的旋转是翻滚（Roll）、俯仰（Pitch）和偏航（Yaw）的组合。翻滚是绕着 X 轴左右旋转，俯仰是绕着 Y 轴上下旋转，偏航是 Actor 绕着 Z 轴旋转（参见图 12.9）。

图 12.9 UE4 中对象的枢轴点，红色是 X 轴翻滚，绿色是 Y 轴俯仰、
蓝色是 Z 轴偏航旋转

这意味着你应该在 3D 应用程序中建模 Actor 时面向 X 轴正方向，就像它们出现在 UE4 中一样。UE4 将管理 Y 轴的转换。

12.6.2　使用用心制作的几何体

客户提供的道具是很好的起点，但对于可视化，这些道具大多数看起来不够好，不能用于高端可视化。

我曾经使用客户提供的模型，还有作为参考的说明，我重新建模了大部分家具。你可以看到大多数模型都只做了非常简单的建模。虽然现代电子游戏利用非常劳动密集型的艺术家工作流程来处理网格体、角色和环境，但可视化项目通常没有时间、预算，或者也没有花费这样的关注度在每个资源上的需求。

我专注于使几何体干净、UV 映射良好，以及使用较少的多边形。UE4 和现代硬件每秒可以处理数百万个三角形，而且与电子游戏环境相比，大多数可视化场景相对比较稀疏。这允许你使用更多的多边形来定义网格体，但是尽可能地注意和优化仍然很重要。

12.6.3　导出

虽然你可以导出一个单独的 **.FBX** 文件，所有的道具都在一个单独的文件中，但是我不推荐这种做法。这样做的效率很低而且会使你的工作流程变得更加困难，因为如果需要对单个网格体进行更改，则需要重新导出所有完全相同的网格体到 FBX 文件中。

在你的 3D 应用程序导出器中使用以下设置或类似设置（参见图 12.10）。

- 确保你导出了平滑组、切线、次法线，并设置 Triangulate 和 Preserve Edge Orientation 为 true。
- 如果你在比例不是厘米的场景中工作，还可以使用导出器的单位缩放系统缩放数据。为此，将 **Automatic** 设置切换为 **false**，设置 **Scene unites converted to** 选项为 **Centimeters**。

你应该将每个道具导出为单个 FBX 文件，为每个 FBX 文件命名希望导入的静态网格体资源的名称。UE4 使用文件名设置网格体的名称。

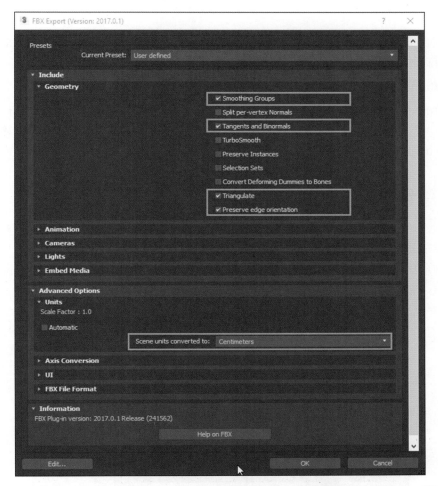

图 12.10 x 的 FBX Export 对话框，显示的设置能够确保你的模型可以导入 UE4 中，其中包含
所有的平滑组、*UV* 坐标、正确的边缘方向，使你的资源在 UE4 中的显示方式与在 3D 应用程序
中的完全相同

12.6.4 导入

与建筑网格体一样，使用内容浏览器中的 **Import** 按钮导入道具，或者将文件拖放到内容浏
览器中。你可以一次性导入所有文件，也可以逐个导入。

与之前一样，将出现静态网格体的 UE4 导入对话框。使用前面图 12.5 中显示的设置，并考
虑以下因素。

Auto Generate Collision

我不建议使用自动生成碰撞。在建筑可视化中，我通常对道具网格体不使用碰撞，因为它经常会过分限制玩家的移动。

Transform Vertex to Absolute

设置 Transform Vertex to Absolute 为 **false**，使 UE4 使用模型中制作的枢轴点，而不是场景的 0,0,0 位置，并且烘焙旋转和其他变换到网格体的顶点中。如果在导出之前没有将道具移动到 3D 应用程序中的 0,0,0 位置，则需要将其设置为 **false**。

12.7　总结

开始时，将数据和内容放入 UE4 似乎有些令人生畏，但是通过准备和组织内容，并确保正确的导入和导出设置，可以使该过程变得顺利且可预测。

你现在应该能很好地理解道具和建筑对象之间的差异，以及如何可靠地将它们导入 UE4（参见图 12.11）。现在你已经准备好放置这些资源并开始构建可交互的世界。

图 12.11　内容浏览器显示了导入的建筑静态网格体资源

第13章

填 充 场 景

在UE4中填充场景对于可视化来说可能是一个挑战。设计人员通常负责表现对精密度和准确性有要求的数据或设计。在本章中,我将向你展示如何将道具和建筑静态网格体资源准确地放入场景中。

13.1　可视化的场景构建

UE4 为关卡设计师（Level Designer，LD）和艺术家们提供了一套强大的工具，可以快速构建精彩的游戏和可视化。艺术家可以使用内容浏览器将网格体、光源和其他资源拖入世界中，使用变换变形器轻松移动、缩放和旋转它们，并使用细节面板轻松修改属性。

可视化的场景构建可能是一项挑战，因为你通常需要非常准确地表示数据，将精确度置于比创作自由度更优先的位置。

对于建筑可视化，通常你必须平衡对精确度的需求和艺术自由，以创造美丽、引人注目的空间。你必须将建筑网格体准确放置在你的关卡中。这里没有艺术自由度，因为它是你可视化的数据。

但是，必须将你的道具手动放置到关卡中，经过自由地移动、旋转和缩放，使其充满生气和趣味。

在本章中，我将演示如何建立关卡，以及如何使用建筑和道具填充它们。我展示了我最常使用的视口工具和快捷方式，在结束时可以得到一个已经为应用光照和材质做好准备的场景。

13.2　建立关卡

在构建关卡之前，你首先需要有一个关卡。默认情况下，UE4 提供了一个简单的关卡，包含了云、光源和一个位于简单的箱体静态网格体 Actor 上的玩家起始点。

我更喜欢从全新的关卡开始，以避免使用预设内容时可能产生的问题。

13.2.1　创建一个新的关卡

想要从完全空白的新项目开始，请在编辑器中选择 **File > New Level**（参见图 13.1）。

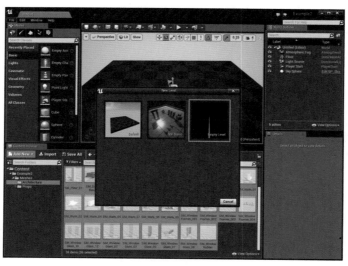

图 13.1　创建一个新的空关卡，默认关卡正显示在视口中

这样创建了一个新的完全空白的关卡。通过选择 **File > Save Current As** 保存关卡。

13.2.2 添加基础光照

就像在第一个项目中一样，第一个任务是在放置任何网格体之前放入一些简单的光源。如果没有光源，UE4 只能将场景渲染为黑色，或者以不照亮视图模式（Unlit View Mode）渲染，这使得很难看到你正在做什么。先获得一些基础光源，可以使物体更容易看到和使用。

大气雾

在**模式**（Modes）面板中，选择 **Visual Effects** 并拖动一个 **Atmospheric Fog** 到视口中。这提供了一个地平线、大气散射（蓝天）和一个太阳圆盘，这些组成了一个美好而简单的天空。

定向光源

从**模式**面板中选择 **Lights**，然后拖动一个 **Directional Light** 到视口中。它将扮演太阳的角色。

选择这个**定向光源**，找到 **Atmosphere Sun Light** 选项，将其设置为 **true**（你可能需要在高级选项卷栏中寻找这个选项）。这使得定向光源可以控制大气雾 Actor 的颜色和太阳圆盘的位置。

天空光源

拖动一个天空光源（Sky Light）到场景中。它对周围的环境取样，使用取样的信息为场景提供间接光照。现在你应该已经拥有了一个基础的光照设置（参见图 13.2）。

图 13.2 基础光照设置，显示了选中的定向光源，在细节面板中将 Atmosphere Sun Light 设置为 true，使它可以设置天空中太阳的位置

13.3　放置建筑静态网格体

在准备你的建筑资源时，通过将 FBX 场景的原点作为枢轴点（0,0,0）使用，非常容易将它们以导出时的确切位置放置到关卡中。

13.3.1　拖放网格体

从内容浏览器拖放你的网格体到视口中。你可以通过常用的键盘快捷方式（Shift + 单击，Ctrl/Cmd + 单击等）选择一个或多个静态网格体资源，将其拖动到视口中的任意位置（参见图 13.3）。

图 13.3　拖放操作的结果，并且设置放置网格体的位置（Location）属性为 0,0,0

13.3.2　将位置设置为 0

当你拖动这些网格体到关卡中时，会创建静态网格体 Actor，并且其会在关卡和世界大纲（World Outliner）视图中被选中。如果你观察细节面板，会发现可以同时编辑所有网格体的属性。这使你能很容易地将它们的位置设置为 0,0,0（参见图 13.3）。

现在，你的所有建筑网格体都已经按照 3D 应用程序中的位置准确放置了。

13.4　放置道具网格体

墙壁、地板等建筑物已经放置好，现在是时候放置道具了。

对于大多数内容，只需要从内容浏览器中将道具拖放到地图中，就可以把它们放入关卡。

在这个例子中，允许自由组合客户选择的家具和道具来填充场景，也可以使用我的模型库中的一些通用道具。

13.4.1 表面对齐

当你第一次将网格体拖放到关卡中时，应该能注意它被投射到场景中，并"粘在"它着陆的任何物体上。这非常适合让你的道具进入关卡，但是之后该怎么做呢？

在视口工具栏中启用 Surface Snapping（表面对齐），可以在你移动 Actor 时，将你正在移动的 Actor 锁定在表面上（参见图 13.4）。

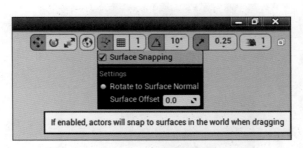

图 13.4 Surface Snapping 下拉菜单

你还可以打开 **Rotate to Surface Normal** 选项，放置的网格体将调整朝向，与它所处的多边形表面一致。这非常适合将 Actor 放到墙上，因为当你拖动它们从一个墙壁到另一个墙壁时，它们可以适当地转动。

13.4.2 克隆和复制

请务必使用克隆工具，如用复制 / 粘贴和 Alt+ 拖动的方法创建副本。这些方法能加速填充场景。

13.4.3 Shift + 拖动

当你使用变换变形器（Transform Gizmo）移动一个 Actor 时按住 Shift 键，视图会跟随 Actor。你可以将这个技巧与 Alt+ 拖动的方法结合使用，这是在透视视口及较大的关卡中移动 Actor 的好办法。

13.5 场景组织

将网格体、光源和其他 Actor 添加到场景中，很快就会产生数百个 Actor。组织它们对于一个快速的工作流程来说至关重要，UE4 提供了帮助管理场景的工具。

13.5.1　世界大纲

当你将 Actor 添加到关卡时，它们会出现在**世界大纲**（World Outliner）的列表中。这个列表可能会快速增长到臃肿的地步，变得很难浏览。值得庆幸的是，有一些清理它的方案可供选择。

你可以使用 New Folder 按钮（位于世界大纲右上角，搜索栏旁边）轻松创建文件夹，但我更喜欢使用单击鼠标右键的方法。在世界大纲中选择你想要放入文件夹的资源，在其中的某一个文件夹上单击鼠标右键，将会打开上下文菜单（参见图 13.5）。

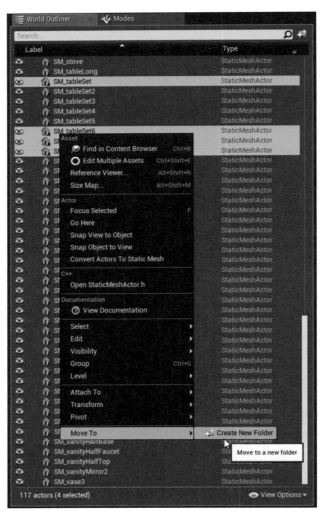

图 13.5　在世界大纲中使用上下文菜单将 Actor 添加到一个新的文件夹中

在这里，你可以将它们添加到新文件夹或现有文件夹中，而无须在世界大纲中进行搜索。

13.5.2 图层

还有一个不太明显的组织方法，但是它可能会让可视化艺术家更舒服，这就是 UE4 的图层（Layer）系统。与大多数 3D 应用程序一样，UE4 具有完整的图层系统，可以在其中轻松地隐藏、显示和选择 Actor。

图层界面默认并不显示，但是你可以通过 Window 菜单看到它（参见图 13.6）。

图 13.6　启用 Layers 选项卡，注意右侧的 Layers 选项卡中有放入的道具

你可以同时使用世界大纲和图层系统，也可以都不使用，因为它们对运行时性能或功能没有影响，它们只会帮助你组织场景。

我发现图层系统难以使用且容易造成混乱。我更喜欢使用世界大纲的文件夹系统来组织场景。

13.5.3　分组

分组是在你的关卡中制作可重用或易于选择的 Actor 集合的好方法。

选择你想要分组的 Actor，单击鼠标右键，选择 **Group**（参见图 13.7）。这样就创建了一个 Actor 组，选定的 Actor 都受其约束。选择其中任何一个 Actor 或者选择 Actor 组，都会选中全部。

组非常适合在场景中构建可重用的几何体集合。

在对 Actor 进行分组后，你也可以通过上下文菜单，**取消组**（Ungroup）或**解锁组**（Unlock）以进行编辑。你无法命名或修改创建的 Actor 组。

图 13.7　将网格体分在一组中，以便在场景中进行复制

13.5.4　Actor 蓝图

你可以选取一些 Actor（包括光源、粒子、声音等）的集合，为它们创建一个蓝图资源。与分组相比，这样做很有优势。

要从关卡中的 Actor 创建 Actor 蓝图资源，请选择要转换的资源，然后选择 **Convert Selected Components to Blueprint Class**（参见图 13.8）

图 13.8 Convert Selected Components to Blueprint Class 选项，
将选中的组件转换为蓝图类

随后你必须在内容浏览器中选择存储新的蓝图资源的位置。这个蓝图包含了对你选择的静态网格体和其他类进行引用的组件。这并没有创建一个副本或者把它们合并成一个新的网格体资源。

现在你可以修改这个蓝图资源，所有基于它的关卡 Actor 都会更新。Actor 蓝图非常适合创建光源或其他复杂的 Actor 集合，甚至只是想要重用的 Actor 组。

13.6 总结

将你的内容放入 UE4 既有趣又富有挑战性。现在你应该能够更好地理解，如何按照 3D 应用程序中的确切位置将建筑网格体放入场景中，以及如何在添加越来越多内容的同时组织和维护场景。

随着场景的填充（参见图 13.9），是时候开始用光照、材质和后期处理效果来填充，以实现创建照片级真实场景的目标了。

图 13.9　预览光照下的填充场景

第14章

建 筑 光 照

开发清晰、准确、逼真的光照对于创建可视化场景至关重要。光源、阴影、反射和材质的相互作用，为世界注入了生命，带来了创作深度和讲故事的能力。在本章中，你将学习如何使用Lightmass建立非常漂亮的全局照明（GI）光照。

14.1　充分利用虚幻引擎 4 光照

UE4 的光照与材质系统是紧密相连的。你必须充分运用这两者才能取得最终的结果。本章演示了如何使用 UE4 照亮一个室内场景。

虚幻引擎的高动态范围渲染管线结合了自动曝光和泛光（Bloom）等效果，可以创造逼真、温暖和动态的光照环境。使用这些技术获得正确的光照可能比较棘手，但是使用一些基本的设置，应该就能够快速获得很好的结果。

在本章中，你将学习如何调整关卡和静态网格体的属性和设置，在合理的光照构建时间内实现出色的光照。

本章还说明了如何使用后期处理效果，如虚光（Vignette）、颜色分级（Color Grading）和景深（Depth Of Field），来创建一个更接近照片级真实度的图像（参见图 14.1）。

图 14.1　最终光照预览

最后，你将学习如何将反射捕捉 Actor 放置到关卡中，以增强光照并有助于使镜面效果看起来更精确。

材质和光照

与所有全局照明（GI）渲染一样，UE4 中的光照直接受到材质的影响，反之亦然。材质会着色并衰减反射光线，光线从表面反射，告知我们其表面特性。

因此，你不能完全分离这两者。本章和下一章想要分别涵盖这两个主题。但是，为了获得最佳效果，你将同时使用这两个章节中的技术。

14.2 使用 Lightmass 的静态光照

UE4 凭借其令人印象深刻的视觉效果，在建筑可视化行业引起了轰动。UE4 能够如此快速地渲染出令人难以置信的完美光照场景，其中一个方法是使用名为 *Lightmass* 的 GI 渲染器预先计算光照。

Lightmass 使用了一个类似于 Mental Ray 的基于光子（Photon）的全局照明解算器，计算场景中每个静态网格体表面的光线碰撞。然后把这些数据记录到一些纹理中，这些纹理被称为光照贴图（Lightmap）和阴影贴图（Shadowmap）。这个过程被称为构建静态光照。完成光照渲染后，这些纹理将被自动导入和应用。

顾名思义，你不能在构建之后移动或修改使用静态光照照亮的对象或者它们使用的光源。对场景中的静态光源或静态网格体执行添加、删除、移动或其他方面的修改，都会破坏光照，必须重新构建。

请注意，你可以为已构建的光照场景添加光源。虽然你需要再次构建光照才能看到这些新放置的光源的全局照明贡献，但原有的静态光照仍将保留。当你向场景中添加越来越多的光源时，这非常有用。

光照贴图和阴影贴图存储在特殊的**构建数据** UMAP 关卡文件（UE4 为存储关卡定制的文件）中，与保存的关卡放在一起。当你添加更多资源时，这个文件和项目将显著增长，因为每个资源都会增加光照纹理的内存开销。

14.3 调节太阳光和天空光源

在第 13 章中，你放置了一个定向光源 Actor、一个天空光源 Actor 和一个大气雾 Actor。这 3 个 Actor 为构建光照解决方案提供了基础，但是为了使用静态光照，还需要进行一些调整。

14.3.1 太阳光

定向光源将作为你的太阳光，提供强烈、直接的光，它对全局照明解决方案贡献巨大。

UE4 中的 3 种主要光源类型或类是点光源（Point）、聚光灯（Spot）和定向光源（Directional）。点光源和聚光灯从空间中的一个点向外发射。它们非常适合做附近的光源，如台灯、照明灯和聚光灯。它们不适合做太阳，从地球上的角度来看，太阳发射的是平行光。为此，你需要一个光源来模拟来自单一方向的光线。这时定向光源 Actor 类就该登场了。

像大多数 Actor 一样，通过将光源从类浏览器拖放到视口中，你可以轻松地将光源放入场景。

你可以将这个光源放置在场景中的任何位置，因为它不是从一个点发射光线的，对它而言只有旋转是重要的。我把它放在可以很容易再次找到它的地方。

为你的光源找到一个令人愉快的或真实的旋转角度。动态阴影可以作为预览，让你清楚地知道静态阴影将落在何处（参见图 14.2）。当你这样做时，看看周围。在场景中烘焙阴影所在的位置上，UE4 的动态阴影提供了一个很好的近似效果。

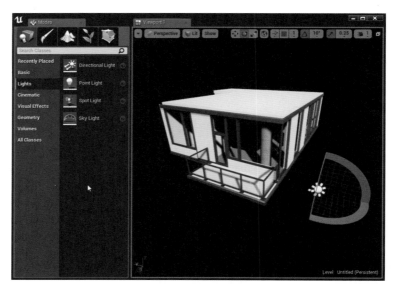

图 14.2　放置定向光源

细节面板显示了选中光源的一些可用选项（参见图 14.3）。你需要调整几个设置以获得这个光源 Actor 的最佳质量和性能。

Mobility

第一个也是最重要的一个需要修改的设置是 **Mobility**（移动性）。对于这个光源，你需要使用一个固定光源（Stationary Light）。其与静态光源（Static Light）类似（都不能移动），但是不能在纹理中记录它的直接光照，而是动态计算直接光照。这意味着你可以在构建光照之后改变它的亮度和颜色。

请注意，改变强度不会影响全局照明光照，因为它是在静态纹理中烘焙的。

Intensity

要获得明亮的太阳光效果，使 **Intensity**（强度）值处于 8 ～ 10 范围内即可。这样能确保太阳成为你场景中最亮的光源。

Indirect Lighting Intensity

因为固定光源的强度可以改变，你需要告诉 Lightmass 想要它计算这个光源的亮度是多少。为此，你可以使用 **Indirect Lighting Intensity**（间接光照强度）设置来调整此光源的全局照明亮度。可将这个值设定在 1.0 与光源强度值之间。

Temperature

勾选 **Use Temperature** 复选框，设置 **Temperature**（色温）约为 5000 ～ 5500。这样就提供了一个有一点偏黄的太阳，它仍然比一般值为 2700 ～ 3500 的白炽灯白很多。

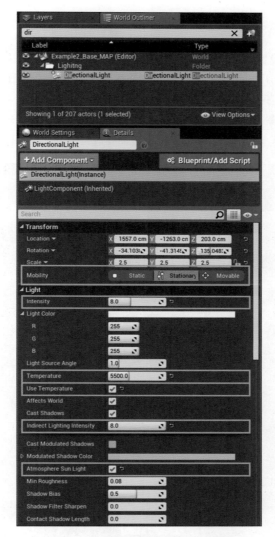

图 14.3 细节面板中定向光源的属性

Atmosphere Sun Light

确保选择了 **Atmosphere Sun Light** 选项，使其与大气雾 Actor 协同工作，生成物理上正确的明亮天空，为场景提供环境色。如果你开始没有看到这项设置，它可能隐藏在光源的高级选项中。

UE4 具有一个大气光散射雾系统，用于模拟围绕地球的大气层。它是通过大气雾 Actor 和定向光源 Actor 驱动的。只需要放置一个环境雾（Environmental Fog）Actor 到场景中。如果你的定向光源 Actor 启用了 Atmosphere Fog Light，它将确定太阳圆盘的方位，并根据太阳的位置设置天空颜色，从而创建一个简单但有效的天空盒。

14.3.2 天空光源

为了模拟大气中的漫反射光线，UE4 使用了一个天空光源（Sky Light）Actor。这个特殊光源可以将现有场景捕捉为用于间接光照的 Cubemap，也可以为其提供 HDR 纹理。

在这个例子中，我们只将它用于捕捉场景。

将这个光源放置在场景中你容易找到的任何位置。你还需要确保它不会包含在任何几何体内，以便捕获未被遮挡的天空。天空光源 Actor 的一些设置需要进行微调，以获得最佳效果（参见图 14.4）。

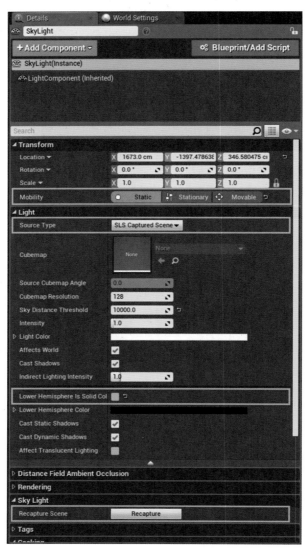

图 14.4　放置天空光源

Mobility

天空光源在此场景中应该设置为静态的（Static）。在这个场景中，你也可以选择设置为固定的（Stationary），但是你将牺牲一定程度的间接天空光照的质量和细节，用于换取可以动态更改强度、源 Cubemap 角度和 Cubemap 纹理属性并且不破坏光照的能力。

设置 Mobility 为静态的，会将所有间接天空光照烘焙成 Lightmass 生成的光照贴图和阴影贴图中，从而避免固定管线（Stationary Pipeline）可能引入的一些不准确性，例如光线泄露或不准确的光照。

Source Type

你可以在编辑器中的一个导入的 HDR Cubemap 和天空光源 Actor 获得的场景 Cubemap 之间进行选择。在这个例子中，设置 Source Type 为 SLS Captured Scene，使用场景作为光照。

Lower Hemisphere Is Solid Color

Lower Hemisphere Is a Solid Color 设置在某种程度上取决于个人喜好。将其设置为 true，会使用单个纯色替换捕捉到的 Cubemap 的下半部分。这会限制进入空间的光线量，因此对于室内场景，我更喜欢将其设置为 false，在这样的场景中使尽可能多的光线进入场景非常重要。

Recapture Scene

如果你更改光照或场景，天空光源不会动态更新它用于照亮场景的 Cubemap。你必须手动使用 Recapture Scene 按钮告诉它重新捕捉 Cubemap。

14.4 构建光照

现在场景已具有了一些光照，你可以进行第一次的光照构建。

要构建光照，可单击编辑器工具栏上的 Build 按钮，也可以单击这个按钮旁边的箭头按钮查看设置。最重要的是 Lighting Build Quality（光照构建质量）设置。它使你可以迅速地从快速预览构建切换到外观漂亮但渲染速度缓慢的产品质量构建（参见图 14.5）。

Lightmass 提供了几种从预览级到产品级光照质量的预设。产品级光照构建可能比预览级构建需要花费更多的时间，但是低质量的构建可能造成不自然和不一致，它们很难与真正的几何体或光照问题区分开。

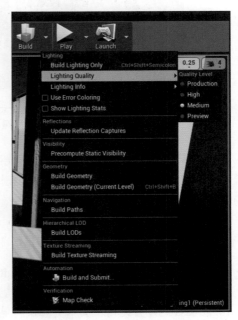

图 14.5　通过 Lighting Build 下拉菜单设置光照质量

图 14.6 显示了预览级和产品级光照构建之间的对比。你可以看到预览级构建的精度大大降低了，但是计算光照的时间显著缩短。

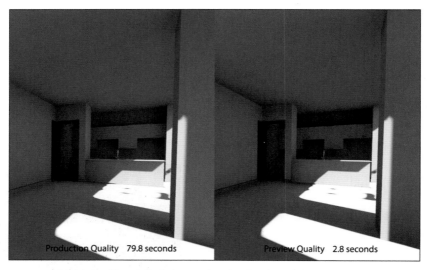

图 14.6　第一次构建光照，产品级质量和预览级质量的对比

如你所见，即使使用了产品级质量，光照效果仍然不是很好。阴影是不明确的、呈块状而且分辨率低，在踢脚板和阴暗的区域中还存在错误。通过一些调整，你可以在很短的时间内就让这个场景看起来好看很多。

14.5　建筑可视化的 Lightmass 设置

使物体变得更好看的第一站是提升 Lightmass 设置。建筑可视化更看重图像质量而非渲染时间，在 UE4 中也是如此。虽然增加了光照构建时间，但是最终会获得一个更好看的场景。

Lightmass 的设置以每个关卡为基础存储，可以在世界属性选项中重改。Lightmass 面板提供了很多设置（参见图 14.7）。值得庆幸的是，UE4 的默认设置在大多数情况下非常好。每个设置都会对构建时间产生巨大的影响，所以最好的办法是从最小的构建开始，再根据你的需求逐步提升。

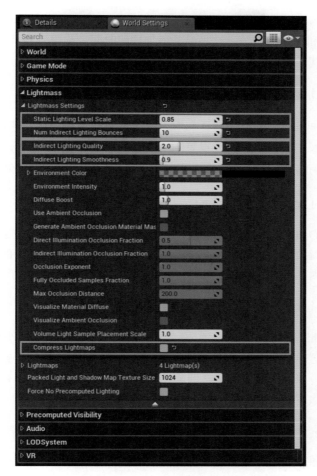

图 14.7　World Settings 中的 Lightmass 设置

说明

如果你已经在线研究过 Lightmass，那么很有可能会看到一些复杂的 **.ini** 文件调整和其他调整，使 Lightmass 可以为建筑可视化生成干净的光照解决方案。

这些调整在引擎的后续版本中基本上已变得多余（并且可能对你的图像质量和构建时间有害）。Epic Games 公司已经做了大量工作来改进 Lightmass 的可视化设置，你只需要调整 World Settings 中开放的设置。

14.5.1   Static Lighting Level Scale

Static Lighting Level Scale（静态光照等级比例）用来设置控制场景中光子的密度。较小的数字意味着更密的光子和更多的细节。这将显著增加构建时间。你可以将此设置保持为默认值 1.0 或略微降低一些。但其低于 0.8 会增加构建时间，并且可能会产生噪点。

14.5.2   Num Indirect Lighting Bounces

Num Indirect Lighting Bounces（间接光照反射次数）设置可以限定（clamp）场景中的光子在熄灭前在物体表面反射的次数。将其设置为 10 可以提供非常好的结果，可以使光子进入场景最暗的区域。如果在阴暗的区域存在一些斑点，那么可以试着增加该设置值。

14.5.3   Indirect Lighting Quality

Indirect Lighting Quality（间接光照质量）设置对于构建时间和整体质量有最大的影响。它增加了为平滑全局照明解决方案而进行的采样量。很高的设置值产生很平滑的全局照明。将此设置值保持在 1 ～ 4 范围内是一个好主意，只有在遇到有噪点的全局照明时才需要调高这个设置值。

14.5.4   Indirect Lighting Smoothness

使用 Indirect Lighting Smoothness（间接光照平滑度）设置控制间接全局照明光照柔和或尖锐的程度。较低的设置值会产生更清晰但有噪点的间接阴影，而较高的设置值会产生较柔和的阴影。如果你想要清晰一点，那么就稍微降低此设置值，但不要低于 0.75，否则你必须提高解决方案的整体质量，以消除不自然的噪点。

14.5.5   Compress Lightmaps

建筑可视化最重要的设置是 Compress Lightmaps（压缩光照贴图），它禁用 Lightmass 纹理上的纹理压缩。如图 14.8 所示，压缩可能会带来不自然的带状和块状痕迹。这在许多游戏中是可以接受的，它们不依赖于干净的光照，但对于建筑可视化而言则是不可接受的，对于它们而言，光照和表面的逼真度是最优先的。

你应该在调整其他设置之前先禁用这个设置。压缩光照贴图所引入的噪点将使你的光照不适合建筑可视化，并且无论如何调整也很难消除它们。

使用未压缩的光照贴图需要以内存为代价。未压缩的光照贴图占用的磁盘空间比压缩的光照贴图多很多。它们在游戏运行时也会使用更多的显示内存。

如果你的关卡非常大（体育场或整座大楼），或者你的目标平台是低端硬件（笔记本电脑、移动设备等），你可能需要使用 Compressed Lightmaps 设置，使这些关卡可以加载到内存中。

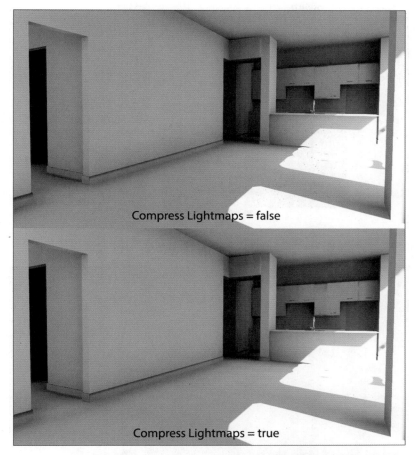

图 14.8　压缩光照贴图比较（提高了对比度以使缺陷更显著），显示了橱柜、
门框上的人工痕迹，还有左侧墙壁上的不平滑表面

14.6　光照贴图 *UV* 密度调整

使光照贴图有足够高的分辨率对于获得平滑、细致的光照非常重要。但是，太高的分辨率会使你的场景瘫痪，构建时间长，占用巨大的内存空间。

找到平衡点是很有挑战性的，但是有一个方法可以帮助你在 UE4 中设置光照贴图的分辨率。

1. 启 用 光 照 贴 图 密 度（Lightmap Density）可 视 化，即 选 择 **View Mode > Optimization Viewmodes > Lightmap Density**（参见图 14.9）。

当你第一次进入此模式时，将看到类似于图 14.10 的内容，其中有许多不同大小和颜色的网格，没有光照信息。你看到的是场景中每个对象上的光照贴图像素的可视化画面。这有助于快速、交互式地调整分辨率。

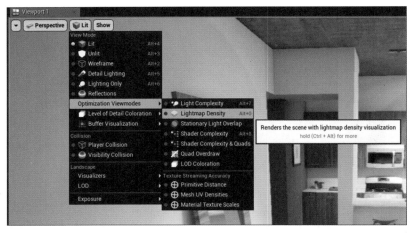

图 14.9   Lightmap Density 可视化视图模式开关

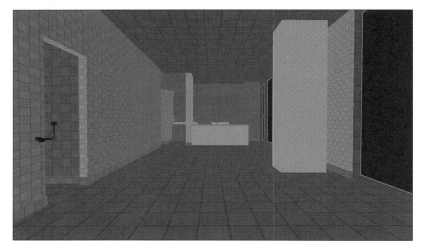

图 14.10   Lightmap Density 可视化，显示了分辨率太低的情况，
无法使用非常具体的阴影和光照

　　蓝色表示光照贴图分辨率太低，红色表示分辨率设置得太高。你的目标是所有表面都在绿色到橙色之间，以获得最佳质量和合理的构建时间。

　　2. 为了调整关卡中的各个网格体 Actor，需要逐个选择场景中的每个网格体，并在细节面板中调整 Overridden Light Map Res 设置。

　　调整后，光照贴图应该有更平均的密度和更高的分辨率，如图 14.11 所示。

　　不需要将分辨率设置为 2 的幂次方（64、128 等），也不应该太大。UE4 支持分辨率超过1024，但是应该谨慎使用。分辨率越高，构建时间越长，磁盘上的关卡占用空间越大，占用的内存也越多。在没有不可接受的不自然痕迹的情况下，让分辨率尽可能低是最好的。

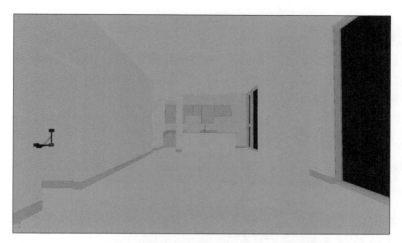

图 14.11 进行更好的设置之后的 Lightmap Density 可视化视图模式

调整道具上的光照贴图分辨率是不同的，你需要在资源级别调整它们。这能确保关卡中的每个道具都具有适当的分辨率，因为对源资源所做的更改将反映在引用这些资源的任何场景对象上。

请注意，对网格体资源的静态光照设置的任何更改，都会破坏所有引用了这个资源的关卡中的光照。

你也可以在关卡中通过使用细节面板中的 Overridden Light Map Res 属性，以每个对象为基础来调整道具的密度。我有时候会为道具（特别是如果它们有很多细节或复杂形状）设置比建筑网格体更大的密度，如图 14.12 所示，这使得它们的颜色显得非常偏近红色。

图 14.12 最终的光照贴图密度，"有机"的道具（如沙发和椅子）上有较大的密度

请小心，重复的道具可能会快速生成大量的高分辨率纹理数据。

重新构建和保存

现在是重新构建光照的好时机。你会马上注意到，随着光照贴图密度的增加，构建时间会大幅增加。场景的整体质量也应该有明显改善，主要体现为更细致的阴影和间接光照。

这同样是保存你的工作的好时机。

14.7　放置室内光源

现在，你的场景中有太阳和天空光照，你可以开始在里面放置一些其他光源来帮助照亮一些黑暗的角落。

14.7.1　聚光灯

点光源和聚光灯与光线跟踪渲染器中的光源有许多相同的设置，你应该会感到非常熟悉（参见图 14.13）。只需要记住其中的差异。

图 14.13　放置聚光灯 Actor

14.7.2　Mobility

我建议室内光照完全使用静态光源。虽然固定光源和动态光源拥有一些优势，但它们增加了场景的复杂度，并且显著提升了性能成本。

14.7.3　Intensity

尽量记住，你的室内光源应该远不如太阳光明亮，在阳光充足的房间里，即使是最明亮的室内光源也不会投射太多的光。

　　获得正确的光照亮度是一门艺术。它受一个区域内的光源数量、太阳光的亮度，甚至反射光线经过的反射面材质颜色的影响。亮度会对光线的最终外观产生巨大的影响。

　　你需要迭代并调整光源，以便为你的场景和个人喜好找到一个合适的平衡点。

14.7.4　Temperature

　　在这个例子中，我使用了光源的 Temperature（色温）设置。这使光源基于其亮度呈现逼真的颜色。我对室内光源使用了更温暖的色调，这使得它们与太阳和天空形成对比。

14.7.5　Attenuation

　　限制一个光源的直接光照可以行进的距离，是出于性能和艺术两方面的考虑。限制光的衰减，也就限制了它在世界中影响的网格体数量。这对性能至关重要，特别是对于动态阴影光源的性能。在 Lightmass 中，受限制的衰减半径将影响更少的网格体，使光照构建得更快，但是在光源和阴影数据烘焙到纹理中之后，就没有任何实时的收益了。

14.7.6　IES Files

　　UE4 支持聚光灯和点光源的 IES（Illuminating Engineering Society，照明工程协会）光源描述文件。你可以导入 IES 文件并将其应用于光源，以实现有趣的光照模式（如图 14.13 所示）。你可以在互联网上寻找 IES 描述文件，它们来自现实世界的照明制造商和供应商，甚至来自虚幻商城。

14.7.7　Auto Exposure

　　在场景中设置光照时，暂时关闭 Auto Exposure（自动曝光）可能会有很大帮助。默认的自动曝光功能非常积极，可能很容易就导致非常亮或者非常暗。

　　在视口中使用 View Mode 菜单锁定曝光，可以确保当你从亮处移动到阴暗区域时不会自动调整光照亮度，也使你能够更轻松地平衡光照。

14.8　放置光源门户

　　光源门户（Portal）是特殊的 Actor，可以帮助 Lightmass 将光子聚焦到有大量光线进入的开口处。这可以缩短构建时间和提升光照质量。

　　将这些 Actor 放在你的窗户和其他开口处，然后轻松将它的控制盒调整到合适的位置。你不需要非常苛刻，它只是光子的辅助，不需要非常精确。

14.9　使用反射探头

　　反射是 PBR 不可或缺的部分。UE4 使用反射捕捉 Actor 捕捉场景的静态 Cubemap，并自动将它们应用于影响范围内的材质。

虽然你可以选择在关卡中不放置这些反射探头而转身离开，但是如果有这些反射探头存在，确实可以获得更高的质量。

反射探头的两种类型是球体（Sphere）和立方体（Cube）。简单地说，对于方形区域，使用箱体反射捕捉 Actor。对于其他区域，使用球体。从图 14.14 可以看出，两种探头的混合使用对于微调场景中的反射非常有用。

图 14.14　反射探头

14.9.1　尺寸

球体反射使用影响半径来决定将会受其影响的像素。通常，半径小的反射 Actor 比半径大的优先。这使你可以将较小的反射 Actor 嵌套在较大的反射 Actor 中，从而可以向可能需要的区域添加更具体的反射。

箱体反射捕捉 Actor 提供一个 3D 比例（Scale）值。你应该调整箱体的比例，直到视口中显示的箱体的角尽可能地贴近房间的角落。

14.9.2　性能

除了捕捉 Cubemap 的内存开销外，反射捕捉 Actor 还会自动地将其反射应用于内部呈现的任何像素。因此，重叠的反射捕捉可能会对性能产生影响。你应该避免太多重叠。

同样值得注意的是，箱体反射捕捉 Actor 比球体反射捕捉 Actor 具有更大的性能影响。

14.10　后期处理体积

最后一块光照拼图是，将后期处理效果（如虚光、泛光、运动模糊和景深）应用于图像，使其具有电影级的逼真外观。

在 UE4 中创建新关卡时，默认的后期处理设置会自动应用于场景。这些设置是一个良好的开端，但是你通常总会希望在每个场景中调整它们，以匹配独特的光照，并实现你所追求的外观和感觉。

为了访问这些设置，你需要在场景中添加一个特殊类的 Actor：后期处理体积（Post-Process Volume）。

14.10.1　体积 Actor

体积（Volume）是 UE4 中一种特殊类型的 Actor 类，可以判断其他 Actor 是否在其范围内。后期处理体积使用这个能力，在玩家的摄像机进入和离开每个体积时，混合不同的后期处理设置。

可以通过体积的 Brush settings 对它们进行调整。你可以定义体积的形状和尺寸，也可以像操作其他 Actor 一样缩放、旋转和移动它们。

14.10.2　放置后期处理体积

在模式面板的 Volumes 下，你可以找到一个不同类型 Volume 类的列表（参见图 14.15）。只需要拖放后期处理体积到视口中即可。你可以将它放置在场景中的任何位置，只要确保它能够被轻易选中即可。

图 14.15　在关卡中放置后期处理体积

14.10.3　后期处理体积设置

后期处理体积有许多设置，可以让你在很大程度上优化图像。虽然许多设置（如颜色调整和泛光之类的效果）几乎完全取决于你的个人品位和风格，但其他设置对性能和图像质量有直接影响。

要访问这些设置，只需要在关卡中选择后期处理体积，然后查看细节面板。

以下是你经常需要调整的设置，以及针对这个例子进行调整的设置。

Unbound

你可以通过启用 Unbound 选项，将后期处理体积设置为忽略边界检查，并将这个设置应用于关卡范围内。这比将体积设置为包含整个关卡要容易得多。

Priority

你可以使后期处理体积相互重叠。为了确定将会使用哪个设置，需要使用 Priority（优先级）选项。高优先级的体积将覆盖低优先级的体积。

请务必注意，只有已经手动启用覆盖的属性（对于重叠的体积，在细节面板中勾选属性左边的复选框）才会被应用。这是很好的方法，可以仅调整单个属性而不必确保所有其他设置匹配。

Blend Radius

这是体积周围的世界空间半径，用来在两个体积设置之间进行插值。当玩家的摄像机移入和移出体积时，设置将平滑地从一个混合到另一个。设置 Unbound 的体积的选项会显示为灰色。

White Balance

UE4 中有很多色彩校正设置，但是你应该从白平衡开始。该值默认为 6500，这是一种非常纯净的蓝白色，在现实世界中并不常见。这可能会使你的场景过于冰冷，并且难以在温暖的光照和冰冷的阴影之间取得适当的平衡。你可以将这个值设置在 5000 和 6000 之间，从而在场景中获得比较温暖的色调，而更高的值可以获得偏冷色调的外观。

Saturation 和 Contrast

Saturation（饱和度）、**Contrast**（对比度）、**Crush Highlights**（高光变形）和 **Crush Shadow**（阴影变形）这些设置协同工作，以帮助控制图像平衡。你可能比较熟悉 Contrast 和 Saturation，而不熟悉 Crush 设置。这些设置只是剪切掉黑点和白点，给出更明显的对比。

默认设置通常对比太强，使阴影区域非常暗。这是非常电影化的外观，但是对于建筑可视化来说可能太暗了，建筑可视化可能倾向于非常阴暗的区域。

这些设置非常敏感，因此细微的调整就可能产生很明显的效果。

Vignette、Noise 和 Fringe

可以使用这些效果来模拟摄像机镜头效果。

Vignette（虚光）为图像的边缘添加了深色渐变，这可以让你增加图像的整体亮度，完全亮的像素只位于屏幕的正中央。

Fringe（边纹）模拟了当光线通过摄像机镜头时，在靠近图像边缘的位置，出现的颜色分离的色差效果。

Grain（颗粒）为图像添加了动画噪点。Grain Intensity（颗粒强度）控制噪点纹理覆盖的不透明度，而 Grain Jitter（颗粒抖动）控制颗粒取代图像的程度。谨慎使用这些设置，因为它们可能会很快让效果变得难以接受。

Color Grading (LUT)

UE4 的颜色分级系统使用一个特殊的名为颜色查找表（LUT）的纹理，用于修改场景的颜色。LUT 是通过在合成或图像编辑应用程序中对基线图像应用颜色分级来生成的。

UE4 读取基线图像和修改的 LUT 之间的差异，并将它们的差值应用于场景。这是将你已有的色彩校正管线引入 UE4 的好方法。你可以在本书的配套网站上找到有关 LUT 和一些 LUT 文件的更多信息。

Bloom 和 Lens Flares

有些后期处理效果在游戏和传统渲染内容中都很常用，Bloom（泛光）和 Lens Flares（镜头眩光）通过模拟摄像机镜头和人类的眼睛来帮助模拟过亮区域的效果。

UE4 中的默认泛光和镜头眩光设置有点激进，如果使用太多，可能会降低场景的对比度和清晰度。降低 Intensity（强度）或增加 Threshold（阈值）是减少场景中泛光和镜头眩光总量的好方法。

你还可以调整效果的尺寸。较大的尺寸将对性能产生更显著的影响。

我通常会在场景中完全禁用镜头眩光，或者将它们调低到仅出现非常明亮的像素。

Auto Exposure

因为 UE4 使用 HDR 光照环境渲染场景，所以地图的不同区域可以有非常不同的光照亮度。出于这个原因，UE4 具有复杂的自动曝光系统。

该系统可以帮助创建动态、迷人的光照交互，当你的玩家从一个区域移动到另一个区域时，可以看到曝光调整的反应，就像人眼或具有自动曝光的摄像机一样。它也使你的光照设置变得非常具有挑战性。

我建议在禁用自动曝光的情况下建立你的光照，然后根据场景需要启用它。如果要禁用此效果，可以使用视口中视图模式下拉菜单中的 Exposure Settings，或将后期处理体积中的最小和最大亮度参数设置为 1.0。然后，你可以使用 Exposure Bias（曝光偏差）手动设置摄像机的曝光。

完成光照设置后，可以使用最小值和最大值亮度进行尝试，调节摄像机的曝光。如果要使摄像机过度曝光，以便照亮阴暗的区域，则设置 Min Brightness 的值低于 1.0。如果要使摄像机在明亮的区域减少曝光，需要增加 Max Brightness 到 1.0 以上。

Ambient Occlusion

虽然我们在例子中没有使用屏幕空间环境光遮蔽（Screen Space Ambient Occlusion，SSAO），但它是一个非常重要的效果，并广泛用于各种可视化项目和游戏。如果你使用动态光照或许多动态 Actor 生成场景，你可能会希望启用此功能，因为它可以显著增加场景的深度和提高光照质量。

Global Illumination

这可以控制 Lightmass 生成的光照贴图的强度和颜色。你可以使用它来快速修改烘焙光照。它不控制 UE4 中任何类型的实时全局照明。

Depth of Field（DOF）

UE4 公开了几种创建景深效果的方法。对于可视化，**Circle DOF** 是最好的。这是一种物理上精确的效果，可以模拟实际镜头光圈的模糊特性，并产生非常精细和逼真的效果。与其他效果相比，它的性能也相当好。然而，与许多后期处理效果一样，在较高分辨率下它可能会变得昂贵。对于 VR，我完全不推荐使用它。

要增加模糊效果，可以减小 **Aperture F-Stop**（光圈范围）参数的值。更低的设置会产生更多的模糊（参见图 14.16）。请务必注意，这是一个逼真的效果，所以在非常靠近一个对象之前你可能不会注意到这种效果。

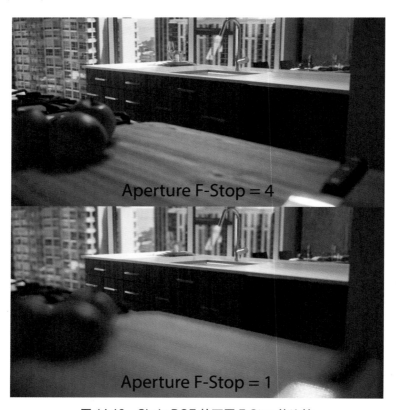

图 14.16　Circle DOF 的不同 F-Stop 值比较

对于室内场景，你需要确保将 **Focal Distance**（焦距）设置为 300 ~ 500（3 ~ 5 米），**Aperture F-Stop** 值是一个比较大的值，在 4 ~ 8 范围内。

Motion Blur

UE4 采用高质量的运动模糊系统，每帧生成一个速度贴图，并使用它来相应地模糊场景。对于大多数场景，默认设置通常已经非常好了。但是，如果在更高的帧速下运行或想要得到更清晰的显示，你可以考虑通过减小 **Max** 参数值来关闭或调低这项设置。

Screen Space Reflections

Screen Space Reflections（屏幕空间反射）基于已渲染图像，为你提供了精细的动态反射。这些对于实现最高的质量非常重要，但你还需要提高 Quality 和 Max Roughness 设置值。将 Quality 设置为 100，并将 Max Roughness 设置到 0.6 和 1.0 之间。较高的值渲染成本较高，但看起来更准确。在保持场景外观的情况下，尽量设置较低的值。

Anti-Aliasing

UE4 提供了几种抗锯齿（Anti-Aliasing，AA）的方法。对于大多数可视化项目，UE4 中的时间混叠抗锯齿（Temporal AA，TAA）系统能够产生优异的结果并且具有非常小的性能开销。

下面的示例场景显示了启用环境光遮蔽、虚光、颗粒和景深设置后的效果。每个设置都增强了图像的外观，添加了人们期望从照片中看到的一些瑕疵和其他效果。

如你所见，后期处理体积中的设置会对场景的外观产生巨大的影响。即使这里使用的是细微设置，也会明显改变场景的外观和感觉（参见图 14.17 和图 14.18）。

图 14.17 默认后期设置的场景

图 14.18　调整了后期处理的场景，显示了对比度、白平衡和饱和度改变后的明显效果

14.11　总结

　　UE4 中的光照有许多组成部分，它们共同构成一个整体。虽然这些概念是按照你可能遇到的顺序介绍的，但是当你在场景中学习和迭代时，可能会在这些设置中来回反复，因为经常调整一个会影响另一个。

　　光线、颜色和材质之间的这种相互作用，可视化艺术家很熟悉，它让可视化艺术家从技术领域又回归到了艺术领域。通过不断的练习，你将学会理解你的工具，并开始在 UE4 中毫不费力地制作温暖的光照。

第15章

建 筑 材 质

UE4的材质系统就像一个优秀的电子游戏：很容易上手但需要毕生时间才能精通。为作品制作出色的UE4材质不仅关乎艺术品质，而且也关乎创建可重复使用的材质，尽可能获得最佳的性能，以及学习光线跟踪渲染器未曾使用的新技术，如视差遮蔽映射（Parallax Occlusion Mapping）。

材质和光照携手合作，为你的玩家创造丰富、真实的环境。使用简单的材质就可以获得惊人的效果。现在你的光照已经起步，可以开始将一些材质添加到场景中，并使用颜色、反射、表面细节和各种变化使场景充满生气。

在 UE4 中获得外观漂亮的材质非常简单，因为使用 PBR（基于物理的渲染）非常简单。通过定义底色（Base Color）、粗糙度（Roughness）、金属度（Metallic）和法线（Normal）等参数，引擎将接手艰苦的工作，创建一个遵循物理规则的材质，用于创建有惊人细节的表面来填充场景。

请务必复习第 5 章"材质"，了解 UE4 中材质创建的基础知识，尤其是关于材质实例的创建。你将非常依赖它们来快速创建大型材质库并将其应用到你的场景中。

15.1　什么是主材质

第 5 章中曾经说过，你可以像在传统的 3D 渲染器中一样为每个表面创建唯一的材质。这可能非常耗时，特别是当你开始向材质中添加更多功能时。

取而代之的做法是，使用**材质参数**（Material Parameter）创建单个**材质**，然后创建这个材质的多个**材质实例**（Material Instance），为它们指定纹理并覆写相关属性，以创建场景中使用的几乎所有材质。

这一个材质通常被称为主材质（Master Material）。主材质并不是虚幻引擎中特殊的资源类型，它实际上只是一个概念。你使用材质参数制作的任何材质都可以是主材质。材质参数将变量开放给材质实例，可以在编辑器中更改，或者使用蓝图实时动态更改。

因为基于物理渲染的简单性，你的材质网络不需要过于复杂。只需要使用颜色、法线、金属度和粗糙度纹理，偶尔还会使用高度贴图（Height Map），你就可以定义几乎所有的表面。

你甚至可以轻松地创建通常难以实现的表面，如金属、玻璃和建筑物墙面，而无须编写复杂的自定义材质。你可以按照步骤构建自己的材质，也可以从本书的配套网站上下载完整的项目文件。

15.1.1　材质网络概览

图 15.1 展示了一个主材质。第一眼看上去可能很复杂，但它其实很简单。

材质和蓝图一样使用基于节点的图形，来帮助你实现可视化（本质上是编程的概念）。节点之间互相连接，数据从左向右流动，最终终止于材质的各**属性**（Attribute）之一，如 **Base Color** 或 **Roughness**。

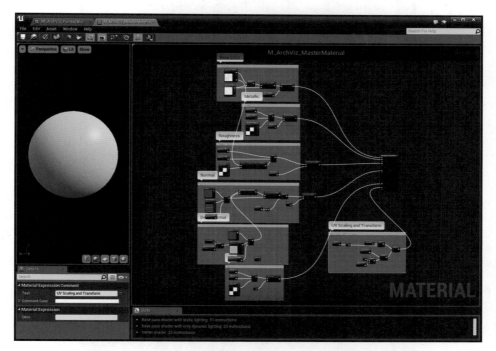

图 15.1　完整的 M_ArchViz_MasterMaterial 着色器图，展示了通过使用材质实例，
一个材质几乎可以用于场景中的所有材质

　　你将采用第 5 章中介绍的概念并对其进行扩展，添加一些新的节点类型，这允许材质实例中
有更大的灵活性，也能提供高级渲染功能，如视差遮蔽映射。

15.1.2　参数节点

　　有一些特殊类型的材质表达式节点，可以放置在材质图中，它们被称为参数。通过这些节点，
你可以公开材质的某些方面，这些材质可以使用材质实例资源进行动态修改，或者在运行时使用
蓝图进行修改。

　　在从某个材质派生的材质实例中，该材质中创建的参数被开放为可编辑的属性。在材质
实例编辑器中（参见图 15.2），必须先勾选需要覆写的属性左侧的复选框，才能对它的值进行
更改。要想恢复到默认值，请单击已修改属性旁边的黄色小箭头按钮。你也可以关闭复选框以
取消覆写。

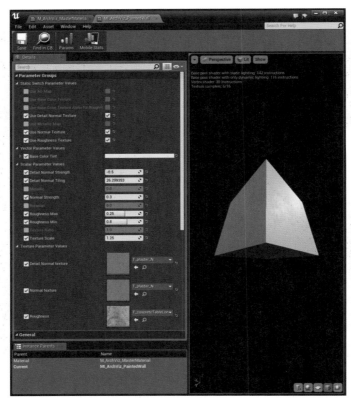

图 15.2　涂漆墙壁材质实例，基于 M_ArchViz_MasterMaterial

15.2　创建主材质

如图 15.1 所示，需要很多设置来创建一个优秀的主材质。每个材质输入（底色、金属度、粗糙度和法线）都有一系列连接到它的节点，使你可以利用材质实例为材质创建无穷无尽的变体。

让我们浏览每个输入，看看它们是如何设置的。你可以按照步骤制作自己的主材质，或者参考本书配套网站上的文件。

15.2.1　底色

图 15.3 展示了一个名为 **Base Color Texture** 的 **Texture Parameter 2D**，其与一个名为 **Base Color Tint** 的 **Vector Parameter** 相乘。请记住材质是数学，颜色被视为 RGB 向量。这意味着你可以对纹理中的颜色执行各种向量数学运算，从而能够即时进行调整。

添加参数

要想放置一个 **Texture Parameter**（纹理参数）节点，只需要使用 Palette 面板或上下文菜单，在列表中选择 Texture Parameter。然后你希望给这个参数起一个有意义的名字。参数的名称中可以包含空格和标点符号，使其更易于理解，但这可能会使这些变量比较难以通过代码访问。

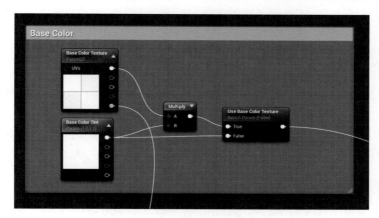

图 15.3　底色节点图

可以使用细节面板对参数节点重命名和修改。你还需要使用细节面板为这个节点定义默认纹理资源。你可以单击缩略图以打开浏览器，也可以将纹理从内容浏览器拖放到节点的属性上[1]。

用同样的方式放置一个 **Vector Parameter**（向量参数），再给它起一个有意义的名字。可以通过修改细节面板中的 RGBA 值编辑向量参数，或双击节点中的颜色样本块。这样将打开一个颜色选取器，它更容易使用。

与颜色相乘

使用 Palette 面板或上下文菜单添加一个 **Multiply**（乘法）节点，然后将 Base Color Texture 输出连接到 A 输入，将 Base Color Tint 输出连接到 B 输入。

乘法节点将输入 A 和输入 B 的每个通道相乘并返回结果。将一个向量（Base Color Texture 的 RGB 输出节点）与另一向量（Base Color Tint 的 RGB 输出节点）相乘意味着每个 RGB 通道彼此相乘（RedA × RedB，BlueA × BlueB，GreenA × GreenB）。你还可以将一种数据类型与另一种数据类型相乘，如矢量和标量（浮点数）。在这种情况下，它会将 Vector 的每个通道乘以 Scalar 的值。

对颜色使用一个乘法节点，与你可能熟悉的许多应用程序中的乘法混合模式是相同的。黑色（0,0,0）使你的底色完全成为黑色，因为任何乘以 0 的结果都是 0。纯白色（1,1,1）完全不修改输入值。当然，你也可以选择一个颜色为像素上色。你还可以在向量参数中使用超过 1（或低于 0）的值，为纹理调整亮度。有时这可能会导致物理上不准确的结果，所以在以这种方式使输入超出范围时需要非常小心。

1　你也可以通过从内容浏览器拖动一个纹理到材质图中，来创建一个 Texture 2D（2D 纹理）节点。这不是参数节点，但是通过用鼠标右键单击这个 Texture 2D 节点，并从上下文菜单中选择 Convert to Parameter，可以轻松将其转换为一个参数节点。

静态开关参数

Static Switch Parameter（静态开关参数）节点在材质实例中显示了一个布尔值复选框。如果将这个参数设置为 *true*，材质将评估连接到 True 输入的代码路径；如果将其设置为 *false*，就是连接到 False 输入。

更改静态开关的值可能还会更新材质实例的接口。未被调用的参数（如 Base Color Texture）将不会显示在材质实例编辑器中，从而减少了混乱现象，并且避免向用户显示不执行任何操作的选项。

将乘法节点的结果连接到静态开关参数的 True 输入，将 Base Color Tint 参数的输出连接到 False 输入。

在这个例子中，如果 **Use Base Color Texture** 为 *false*，材质将会使用 Base Color Tint 定义底色，忽略纹理和乘法节点。这样节省了纹理读取和着色器计算的时间，获得了性能更高的材质。

15.2.2　金属度

Metallic（金属度）输入通道是最少使用的属性之一，通常可以将 **Metallic** 标量参数设置为 0 或 1（参见图 15.4）。

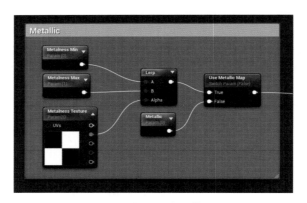

图 15.4　金属度输入节点图

但是，有时你可能需要使用纹理作为蒙版，来定义模型的哪些区域是金属的而哪些不是。例如，一个木质纹理上有可见的钉子或螺丝钉，或者一个表示漆面破损后露出底层金属表面的材质。

为了实现这样的效果，创建一个名为 **Metalness Texture** 的 **Texture Parameter 2D** 节点。

放置一个**线性差值**节点（其更为人所熟知的名称是 **Lerp** 节点），让你可以使用简单的最小和最大参数将值重新映射到其他值。Alpha 输入作为 A 和 B 输入之间的百分比权重，0.0 完全是 A 输入的值，1.0 完全是 B 输入的值。通过调节这些值，可以轻松地以交互和可预测的方式调整场景的表面。

创建两个名为 **Metalness Min** 和 **Metalness Max** 的标量参数，将它们分别连接到 Lerp 节点的 A 和 B 输入。使用细节面板将 Metalness Max 的默认值设为 *1.0*。调整 **Metalness Min** 和 **Metalness Max** 的设置可以让你轻松调整蒙版值，而无须修改纹理（详细信息请参阅第 5 章）。

为了使纹理可以完全关闭，在图中放置另一个静态开关参数并为它命名。如果将这个参数设为 *true*，**Metalness Texture** 的红色通道将被取样，并通过 Lerp 节点进行修改。因为金属度输入只需要一个灰度值或标量输入（0 ~ 1），所以只有纹理的红色通道被用作 Lerp 节点的 Alpha 通道[1]。

如果将 **Use Metallic Map** 参数设为 false，它将使用 **Metallic Scalar** 参数，这个参数被设为 0.0 并且连接到 False 输入。

15.2.3　粗糙度

粗糙度通道可能是除底色之外最重要的通道（更多内容如第 5 章所述）。然而，如图 15.5 所示，它的设置与其他通道非常相似，通过 **Use Roughness Texture** 静态开关参数，在基于纹理的粗糙度和 **Roughness Scalar** 参数之间切换。

参照图 15.5 构建你的材质图。在准备构建网络时，请注意每个参数节点的默认值。

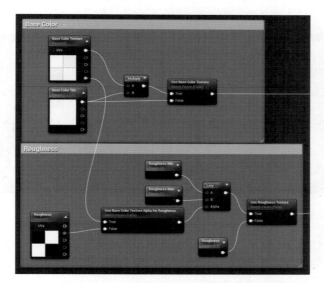

图 15.5　粗糙度节点图，同时显示了底色的节点图，你可以看到
Base Color Texture 的 Alpha 通道是如何用于粗糙度贴图的

Use Base Color Texture Alpha for Roughness 静态开关参数将选择 **Base Color Texture** 的 Alpha 通道或者 **Roughness Texture** 参数的红色通道用于粗糙度蒙版。使用 Base Color Texture 的 Alpha 通道是一种常见的工作流程，商城中和社区中免费使用的许多资源都采用这种方式来定义材质中的粗糙度。

另一个名为 **Use Roughness Texture** 的静态开关参数，使你可以在一个连接到 False 输入的 Roughness 标量值和从 True 输入流入的基于纹理的通路之间切换。如果将 Use Roughness Texture

---

1　仅使用纹理的一个通道，这样高级用户可以利用 RGB 纹理的每个通道存储一个不同的灰度图像。

设为 *true*，Use Base Color Texture Alpha for Roughness 参数返回的纹理数据将通过 Lerp 节点及 **Roughness Min** 和 **Roughness Max** 标量参数进行调整。

15.2.4   法线

法线（Normal）通道可能是大多数可视化艺术家最不熟悉的。大多数 3D 应用程序依靠凹凸贴图（Bump Map）和高度贴图（Height Map）来定义表面的细微变化。实时应用程序（包括 UE4）却使用法线贴图，因为法线贴图计算比凹凸贴图快，而且它们可以定义曲面弯曲，获得比凹凸贴图更高的质量。

像创建其他纹理参数一样，创建法线纹理参数节点。但是，必须在节点的细节面板中将 **Sampler Type** 设置为 *Normal*。如果将法线贴图纹理指定给节点的 Texture 属性，则会自动完成此操作。

为了控制法线贴图的强度，使用 Lerp 节点在连接到 A 输入的 Normal Texture 的值与连接到 B 输入的常数向量值 0,0,1（表示未修改法线的值）之间的差值（参见图 15.6）。

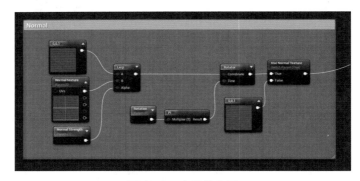

图 15.6   法线节点图

为了考虑旋转，需要修改法线贴图以保持正确的向量数学。使用一个 **Rotator** 节点旋转 Lerp 返回的数据。一个名为 **Rotation** 的标量参数乘以 Pi，用于 Rotator 节点的 Time 输入，Rotator 节点与 *UV*、纹理变换相关联（稍后解释）。要明确的是，你正在旋转法线贴图的值，而不是旋转纹理。

像这样的向量数学是 3D 应用程序的生命线。从 3D 空间中的移动到材质的颜色，这一切都是向量。作为艺术家，为了针对 UE4 的每个部分提高自己的能力和技能，学习向量数学是你可以做的最好的事情之一。

15.2.5   环境光遮蔽

可选的环境光遮蔽（Ambient Occlusion，AO）贴图用于手动定义一个材质的微表面环境光遮蔽（参见图 15.7）。如果没有定义此输入，UE4 将使用法线贴图动态生成此数据，但有时这并不完全准确，或者并不是艺术家的意图。AO 通道在使用 Substance Designer 或 XNormal 等程序烘焙纹理库时最常用，而在大多数情况下可以将其关闭。

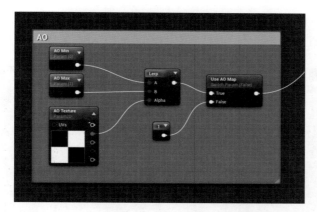

图 15.7　环境光遮蔽节点图，通常只有在 UE4 的材质需要某些辅助的特殊情况下使用

如图 15.7 所示，设置节点图。像粗糙度和金属度输入一样，AO 只需要一个标量或灰度输入。所以，只有 **AO Texture** 参数的红色通道被使用。

Use AO Map 静态开关参数使材质实例可以完全忽略 AO 贴图。与其他一些开关参数不同，此处将一个标量参数提供给 False 输入，我们将简单地分配一个**常量**节点并将其设置为 *1.0*。与标量参数不同，常数变量不能被实时更改。

15.2.6　纹理缩放和变换

调整纹理的比例和位置对于正确显示材质外观至关重要。在 UE4 中，并不像在 3D 应用程序中那样调整纹理的尺寸，而是使用着色器网络实时修改表面的 *UV* 坐标（参见图 15.8）。

首先添加一个**纹理坐标**（Texture Coordinate）节点（在图 15.8 中名为 TexCoord[0]）。这个节点返回特定 *UV* 通道的 *UV* 坐标。

然后修改返回的 *UV* 坐标，先使用**旋转器**将它绕着纹理中心旋转。通过连接 **Rotation** 标量参数到 Time 输入来驱动这个节点 [1]。为了使 Rotation 参数更容易在材质实例中制作，它将乘以 pi，将 **Rotation** 参数值转换至 0.0 ~ 1.0 范围内，其中 0.5 表示 180°。

要缩放坐标，从而缩放 / 平铺纹理，必须对坐标做乘法。**Texture Scale** 参数用于处理这个任务。其数值超过 1 会使纹理平铺更多，而其数值低于 0 会使其纹理显得更大、平铺更少。

Texture Ratio 参数允许进行纹理非归一化的缩放。**Append** 节点创建一个 *Vector2* 数值（两个浮点数组成的值，在此处 *UV* 通道就像 0,0 或 0.2,1.0），**常量** 1.0 作为第一个值，Texture Ratio 作为第二个值。它返回一个 vector2D 值（如 1.0,0.5），然后与 Texture Scale 参数相乘，计算结果再与旋转坐标相乘。

所有这些的结果是一个修改后的 *UV* 坐标，然后将它连线到材质的 **Customized UV0** 属性。

1　Rotation 参数在这个着色器中多次被使用。如果多个参数具有相同的参数名称，则对单个值的更改会影响具有该名称的所有节点。

这个输入默认是不公开的。要想启用这个选项，必须先在材质中设置 **Num Customized UVs** 属性。将它设为 1 或更高的值，这样就可以在材质中添加自定义的 *UV* 输入节点了。

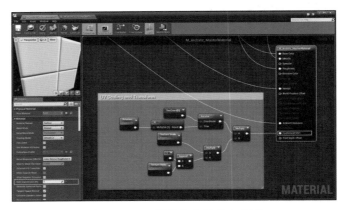

图 15.8　*UV* 缩放和变换着色器图

　　自定义 UVs 使你不必将转换后的 *UV* 坐标连线到材质中所有纹理节点的每个 *UV* 输入。取而代之的是，将送往自定义 *UV* 输入的数据修改为 *UV* 通道的坐标。现在，任何设置使用 *UV* 通道的纹理都将获得这些修改后的 *UV* 值。

15.3　创建材质实例

　　图 15.9 显示了场景中使用的许多材质实例。几乎所有这些实例都基于前面详细描述的那个单独的主材质。每个材质实例都应用了新的纹理并调整了参数，从而创建了各种可用的材质库。

图 15.9　在内容浏览器中，从主材质继承的材质和材质实例

15.3.1 涂漆墙壁

这个场景需要许多不同颜色的涂料。对于每种颜色涂料都需要创建一个材质实例，通过改变 Base Color Tint 参数值，每个实例都有不同的颜色。但是，正如你在图 15.10 中所见的，还必须设置许多参数才能获得这个材质实例的正确外观：必须指定纹理、开关一些静态开关参数、修改一些标量值，最终才能获得一个美观的墙壁表面。

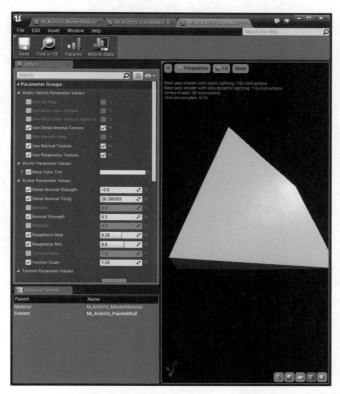

图 15.10　修改了许多参数的涂漆墙壁材质实例，以将材质精确调整到所需外观

所有不同的涂漆墙壁的颜色变化都继承自同一个主材质。但是，它们没有直接继承主自材质，而是继承自另一个材质实例（参见图 15.11）。这演示了材质实例最强大的功能之一：能够基于其他材质实例创建材质实例。

从其他材质实例创建材质实例使你可以设置一个主材质实例，当它被修改时，更改的内容将向下应用到继承自它的所有材质实例。

这样，你就可以在一个主题上创建无穷的变体，然后可以动态地调整它们，而无须单独修改每个变体。已经在子材质实例中覆写的属性（如 Base Color Tint），将不会通过对父项的更改而改变，从而保留你所做的任何修改。

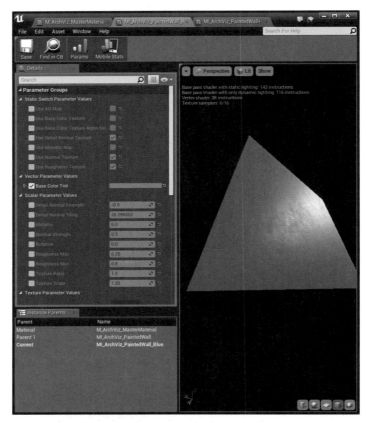

图 15.11　M_ArchViz_PaintedWall_Blue 材质实例，由另一个材质实例
M_ArchViz_PaintedWall 驱动

15.3.2　地板

　　地板可以是某种最简单的材质实例，但是它们在某种程度上是最重要的。在可视化中地板上的反射和细节非常重要，因为它提供了与家具、墙壁和其他道具的联系（参见图 15.12）。在典型的视图中，地板占据很大的比例，所以调整和精炼你的地板材质是非常值得的。

　　使用的地板纹理样本是客户提供的，我生成了法线、底色，并用 Substance Bitmap 2 Material（B2M）生成了粗糙度纹理贴图。B2M 是许多可用的商业应用程序之一，它将图像处理技术应用于一个简单的图像，尝试生成 PBR 纹理，以便在 UE4 这样的游戏引擎中使用。

　　从图 15.13 可以看出，虽然使用 B2M 创建的纹理很好，但仍需要进行大量调整才能获得正确的效果。这就是为了提供调整能力而在材质中设置参数如此重要的原因。如果没有它们，你需要每次都修改纹理资源，然后重新导入它们才能查看更改。通过这种方式，你可以在过程中就查看材质的样子。

图 15.12 地板材质实例，依赖一个良好的法线贴图和粗糙度贴图，
它们经过了材质实例参数的大幅调整

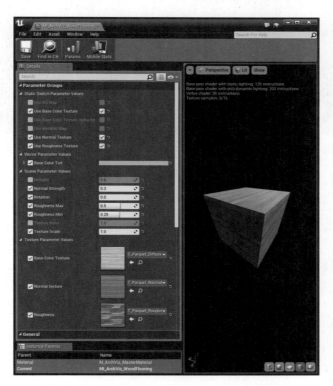

图 15.13 M_ArchViz_WoodFlooring 材质实例

15.4　高级材质

虽然主材质对于大部分不透明表面的处理非常完美，但是它无法处理所有事物。像玻璃和砖块这样的材质需要更特殊的材质才能获得最佳效果，并充分利用 UE4 的渲染功能。

15.4.1　视差遮蔽映射

视差遮蔽映射（Parallax Occlusion Mapping，POM）是一种以很小的渲染成本创建类似位移效果的方法。通过一些复杂的数学运算，高度贴图可以用于对纹理产生偏移，从而产生深度的错觉（参见图 15.14）。

图 15.14　仅有 POM 开关的相同的材质，说明它如何创建深度，并帮助定义
比单独法线贴图效果更好的表面

POM 是通过创建扭曲的 *UV* 坐标来施展它的魔法的，然后将其输入每个纹理的 *UV* 输入中。所有复杂的数据处理已经通过一个材质函数为你完成和建立了，仅需要一些函数输入，如**高度贴图**。

因为 POM 会影响材质的每个通道，所以将其分解到自己的材质中通常是一个好主意。建立一个材质图来容纳所有其他的选项将导致材质过于复杂，它会执行太多操作，并且可能成为维护的负担。

如图 15.15 所示，POM 版本的主材质与标准的主材质几乎完全相同。实际上，我是通过在内容浏览器中复制主材质创建的，然后对其进行编辑。最大的补充是最左边的 Parallax Occlusion Mapping 函数。拉近观察（参见图 15.16），你可以看到它很容易设置。

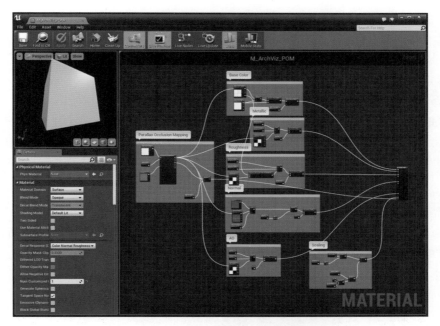

图 15.15 POM 版本的主材质概览

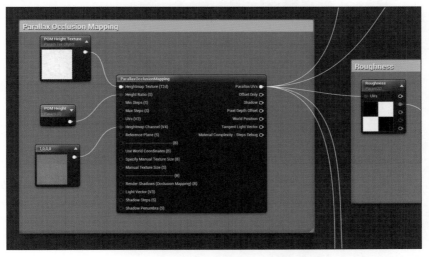

图 15.16 Parallax Occlusion Mapping 函数的具体视图，结果生成的弯曲的
UV 连接到了每个纹理采样参数的 UV 输入

设置该函数，需要将一个 **Texture Object**（纹理对象）参数连接到 Heightmap Texture 输入。这个 Texture Object 参数与你在其他地方使用过的其他 Texture 参数不同。你曾经使用过的 Texture

参数返回基于指定纹理的颜色值，Texture Object 参数输出纹理的引用，它被用于与材质函数之间的通信，而不是直接用于渲染。

为了创建一个 Texture Object 参数，必须在 Palette 面板中或者在材质编辑器中使用上下文菜单，明确搜索 **Texture Object** 参数。

从一个 **POM Height** 标量参数连线到 **Height Ratio** 输入，可以设定效果的强度。通常应该设置一个很低的值，设置为 0.01 会产生非常强烈的效果。通常较好的值在 0.001 ～ 0.005 范围内。

连接一个 **Constant Vector 3** 节点到 **Heightmap Channel** 输入。这定义了将从 POM Height Texture 节点的哪个颜色通道取样。在本例中，将 Constant Vector 3 值设为 1,0,0，从而设定为使用红色通道。

地毯和地垫

使用具有地毯高度贴图这样的高频纹理的 POM 效果非常好，即使是简单的材质，也能提供深度和丰富的细节（参见图 15.17）。

图 15.17　地毯材质，使用 POM 对纤维产生位移，有助于提供
地毯的深度和柔软度，特别是在运动和 VR 中

砖块

砖块是演示渲染引擎功能的经典示例，这是有充分理由的。它们事实上很难渲染。POM 能够提供良好的效果，并产生令大多数可视化艺术家满意的质量（参见图 15.18）。

网络上有很多可以获得很棒的砖块和其他纹理资源的来源。最重要的是，要有一个准确的高度贴图。获得砖块与水泥之间差异的定义非常重要。前往本书的配套网站，可以找到一些提供高质量源纹理的链接。

图 15.18　使用 POM 的砖墙

15.4.2　玻璃

游戏引擎长期以来一直在努力制作令人信服的透明玻璃效果。玻璃的有效渲染依赖于折射和反射，两者都是昂贵且耗时的渲染效果（参见图 15.19）。通过耐心处理，你可以在 UE4 中实现出色的玻璃材质。

图 15.19　单个玻璃材质可用在玻璃杯、玻璃碗和背景中的平板玻璃窗上

有几种方法可以创建玻璃材质，每种方法都有各自的优点和缺点。通常情况下，材质越精确，渲染所需的时间越长。图15.19展示的材质具有非常昂贵的渲染成本，但这是值得的，因为它提高了简单、透明材质的质量。

因为我们需要将材质设置为透明，所以我们不能简单地使用主材质作为玻璃材质的基础。我们需要一个新的材质。

需要做的第一件事情是，使你正在创建的材质透明。这使它在主场景之后渲染，然后在最上层向下混合。在材质的细节面板中，在不选择任何节点的情况下，将材质的 **Blend Mode** 设为 **Translucent**，**Lighting Mode** 设为 **Surface Translucency Volume**（参见图15.20）。

大多数透明材质依赖于 Opacity 属性来调节对象的不透明度，从而允许渲染其后面的场景。在本例中，你将绕过它（将 Opacity 设置为接近1.0），并在玻璃后面提供自己的场景版本，该场景是浅色并扭曲的。

为此，你需要取样**场景纹理**（参见图15.21）。

场景纹理是应用透明之前渲染的场景（UE4中的透明对象在场景其他对象之后渲染，然后合成到最终画面中）。如果你将 Scene Color 直接传递给材质的 Emissive 属性，除了表面反射外，它会使玻璃看起来像完全穿透的。

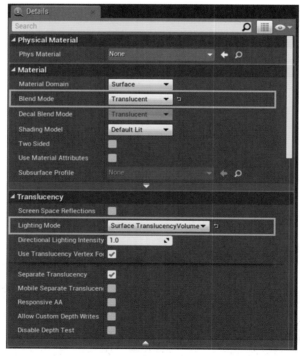

图15.20　玻璃材质的细节面板，材质的 Blend Mode 被设为 Translucent，Lighting Mode 被设为 Surface Translucency Volume

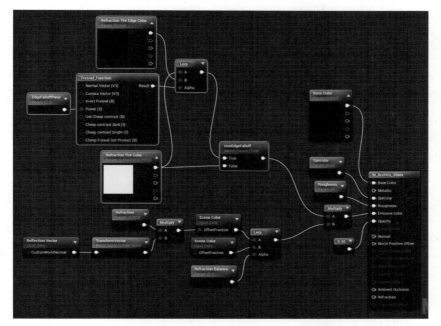

图 15.21　ArchViz 玻璃材质网络，忽略 Opacity 通道而构建自己的材质，
修改场景纹理使你可以更有效地控制折射，并使表面反射保持明亮

为了使场景纹理产生扭曲，需要使用 Reflection Vector（反射向量，引擎提供的一个向量输入），将其转换到你的视角（将其从 3D 世界空间转换为 2D 视图空间值），然后使用该数据通过偏移分数（Offset Fraction）扭曲场景颜色。偏移分数是一个可以让你在屏幕上的不同像素位置采样场景颜色的百分比值（0.0 ~ 1.0）。

这是一种物理上完全不准确的折射技术，但它提供了漂亮的效果。

你会注意到，图 15.21 的节点图中的两个 Scene Color 节点通过 **Reflection Balance** 参数进行插值。一个是扭曲的场景颜色，而另一个是未修改的。这产生了双层观感，非常适合建筑可视化中的平板玻璃。

然后，你可以轻松地对扭曲和双倍的场景颜色样本进行调色。

假设你已经在以这个材质为基础的材质实例中将 **Use Edge Falloff** 设为 true，则 **Fresnel** 函数会根据相对于摄像机的表面法线提供简单的菲涅耳衰减。使用此衰减，色调在定义的 **Refraction Tint Color** 参数与 **Refraction Tint Edge Color** 参数之间进行插值。否则，场景颜色使用 **Refraction Tint Color** 参数调色。

使用简单的标量参数设置材质的 **Roughness** 和 **Specular** 属性。你可以扩展此材质以使用纹理来驱动任何这些参数。但是，这使得材质的渲染成本更高，应谨慎使用。

15.5　总结

得益于 UE4 中的 PBR 系统、可视化材质编辑器，以及材质实例的强大功能和便利性，构建精美的材质非常简单、快捷。它是如此充满乐趣，以至于回到 3D 应用程序中创作材质可能会变得很困难。

使用材质参数和材质实例可以轻松地重用材质网络，而且基于交互式节点的材质编辑器可以让你随着能力和项目要求的增长而进行实验、学习和扩展材质。

第16章

使用Sequencer创建过场动画

交互能力和探索能力是UE4中交互式可视化的标志。而且，UE4也具有非常强大的创建预渲染静态动画的能力，可以与光线跟踪渲染质量相媲美。它可以在很短的时间内完成。使用UE4的创新动画工具Sequencer，你可以将交互式世界与关键帧摄像机、Actor动画相结合，以创建极好的动画。

16.1　Sequencer 入门

Sequencer 编辑器是 UE4 中的一个过场动画编辑工具，使你可以编辑**序列**（Sequence）。

序列是包含关键帧动画**轨迹**（Track）的资源，可以作为 Actor 放入关卡中。Sequencer 从 After Effects、Final Cut 和其他视频编辑和合成应用工具中获得了很多灵感。这有助于为许多已经擅长这类视频编辑工具的可视化艺术家提供简单的学习曲线。

Sequencer 取代了 UE4 中以前的过场动画编辑工具 **Matinee**。Matinee 仍然与 Sequencer 同时存在，但它已经过时，而且与 Sequencer 相比，它是一个非常有限的工具。

16.1.1　主序列

与大多数你在内容浏览器中导入或创建的资源不同，在关卡中是通过 Cinematics 下拉菜单（参见图 16.1）创建序列的。

图 16.1　在编辑器中使用 Cinematics 下拉菜单创建一个主序列

你可以选择创建一个**主序列**（Master Sequence）、一个单独的**关卡序列**（Level Sequence）或遗留的 Matinee 序列。一个主序列基本上是一个向导，它会创建一个包含多个子序列的序列（参见图 16.2）。该向导还会创建各种序列资源，并将它们保存到 Content 文件夹中的特定位置。

如果你只需要创建简单的内容，也可以从单个关卡序列开始。此外，你可以随时在序列中包含其他独立的序列。

对于大多数项目，标准设置是可以接受的，除非你需要遵循命名方案或其他标准。我在这里更改的唯一设置是 Default Duration，将它设置为 10 秒。

当创建主序列时，会出现一个 Sequencer 窗口，显示连续排列的所有轨迹序列（参见图 16.3）。

对于任何熟悉非线性编辑应用程序的人来说，都会有宾至如归的感觉。你可以移动**镜头**（Shot）并添加、删除和轻松更改每个轨迹的持续时间，使镜头轨迹编辑器（Shots Track Editor）的行为类似于 Adobe Premiere：快速、简化但缺乏精细控制。

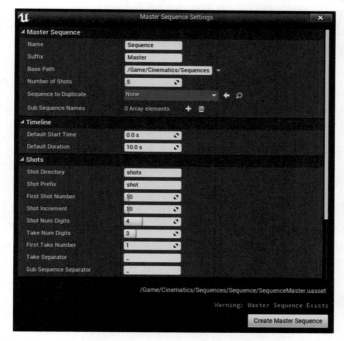

图 16.2　主序列向导设置，图中显示只更改了 Default Duration，
从默认值 5 秒改成了 10 秒

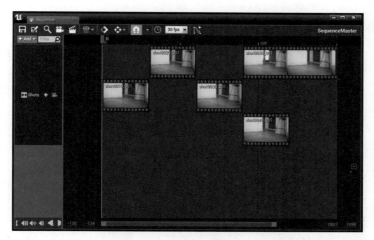

图 16.3　主序列编辑器，在其中可以像非线性视频编辑程序一样移动和编辑镜头

　　为了取得控制，在序列编辑器中双击任意序列打开那个镜头（参见图16.4）。虽然是相同的 Sequencer 编辑器，但它看起来不同而且有不同的用途。通过公开镜头剪辑（Camera Cut）和摄像机 Actor 轨迹，这个编辑器更类似于 Adobe After Effects：它是一个关键帧驱动的动画和效果界面。

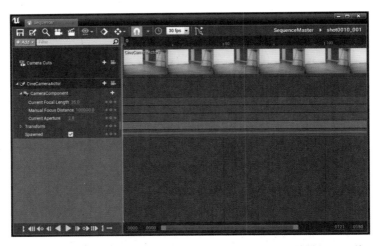

图 16.4　在序列编辑器中打开单个镜头进行编辑，这时的编辑器更像是
After Effects 这样的关键帧效果程序

16.1.2　动态摄像机

在每个镜头序列中，一个 **CineCameraActor** 会动态生成，并且在序列结束时销毁。这个功能非常强大，意味着你不必在关卡中放置一个摄像机 Actor，因为它们是在 Sequencer 中即时创建和销毁的。

这些摄像机与任何其他摄像机 Actor 一样，显示了镜头设置、景深和对焦设置，以及所有可用的后期处理效果，让你可以根据需要来精确配置每个摄像机（参见图 16.5）。

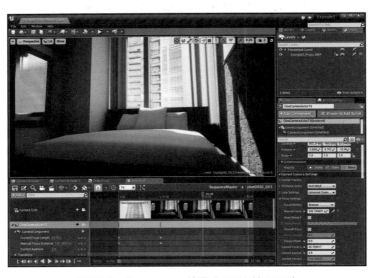

图 16.5　Sequencer 停靠在 UE4 编辑器中

请注意细节面板，以及显示在每个与动画相关的属性左侧的 Add Keyframe（添加关键帧）按钮。与 UE4 中的大多数窗口一样，可以将 Sequencer 停靠在 UE4 窗口中，这有助于消除杂乱。

16.2 摄像机动画

显然，下一步要做的是让摄像机随时间移动和改变，但是如何轻松实现这一点可并不显而易见。

16.2.1 设置关键帧

你有几个在 Sequencer 中设置关键帧的方法。可以打开 Auto-Key 功能，每次修改一个属性或者移动、旋转或缩放一个 Actor 时创建一个关键帧。这很快就会变得混乱。

你也可以手动设置关键帧。这可以在 Sequencer 界面中进行，也可以在属性和视口中直接完成。当 Sequencer 启动时，Actor 中与动画相关的属性会显示 Add Keyframe 按钮（参见图 16.5），让你在需要时轻松添加关键帧。

第三种方法包含了前面两种方法各自的一小部分。可以自动设置关键帧，但是限制它们仅作用于添加了关键帧的属性（参见图 16.6）。我通常使用这种方案，因为它结合了自动关键帧的易用性，而无须担心会意外将关键帧添加到你不打算制作动画的轨迹中。

图 16.6　仅为已经有动画的轨迹和属性设定自动关键帧设置

16.2.2 驾驶摄像机

现在，你可以设置一些关键帧，使摄像机就位。

要通过摄像机观察，需要选择要进行动画处理的摄像机右侧的摄像机图标。这样将视口设为正在"驾驶"摄像机的视角，使你可以控制这个 Actor 围绕场景飞行，将它附着在你的视图中。

摄像机图标出现在 Sequencer 界面的许多区域，这可能有点令人困惑（参见图 16.6）。你可能注意到 Camera Cuts 轨迹也有一个摄像机图标，单击它使你可以从序列及你创作的任何镜头剪辑的透视视角观察。

你通常希望工作时可以在这些视图之间移动，调整摄像机的关键帧，并与其他剪辑连贯起来查看结果。

在驾驶摄像机时，你通过摄像机的镜头观察，并使用标准的透视（Perspective）视口控件在场景中移动它。你可以在正交（Orthographic）视图中调整摄像机的关键帧，也可以在细节面板中调整摄像机 Actor 的属性。

16.2.3　轨迹与摄像机命名

你可能会注意到，Sequencer 中轨迹的名称与时间线预览中标签的名称不同。这有点令人困惑，因为它们可以独立命名（例如，你可以在几个不同的序列的几个不同的轨迹中使用相同的摄像机 Actor）。预览缩略图中的名称是 Actor 在世界中的名称。你可以使用细节面板重命名 Cine Camera Actor 以更新时间轴中的名称。

左边面板中的名称是轨迹名。可以在这个名称上双击来重命名轨迹。

16.2.4　过渡

UE4 提供的唯一的**过渡**（Transition）功能是**消退**（Fade）轨迹。没有交叉溶解（Cross-Dissolve）或其他过渡效果。这主要出于对性能的考虑。进行交叉溶解需要渲染场景两次，并且在溶解期间两个场景都在彼此之上合成。尽管某些场景可以解决这个问题，但大多数场景都难以渲染如此多的信息。

16.3　编辑镜头

选择 Sequencer 窗口右上角的标题，可以返回主序列（参见图 16.7）。

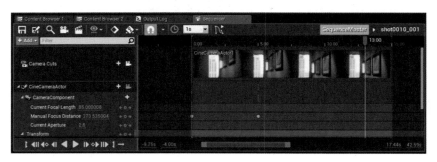

图 16.7　完成的镜头，Sequencer 窗口右上角高亮显示了 SequenceMaster 轨迹

可以看到镜头的预览中已经使用镜头中的视图进行了更新。你可以将它作为向导，当需要调整序列中的进入点和返回点时提供帮助。为了更好地查看，可以使用 Sequencer 窗口底部的范围滚动条来缩放时间线。

继续对剩余镜头执行编辑步骤。编辑镜头，然后返回主序列，在上下文中查看、修改它，继续迭代直到你对序列中的所有镜头都感到满意为止。

16.4 保存

要记得定期保存。序列将作为 UASSET 文件保存在项目的 Content 文件夹中。

在第一次放置序列 Actor 后，你不需要保存序列所在的关卡。这个 Actor 作为对主序列的引用，使序列数据在关卡加载时初始化，并允许蓝图通过引用这个 Actor 来轻松访问它。

16.5 协作

由于镜头存储为单独的UASSET包，所以多个团队成员可以同时处理同一个序列。此外，光照、道具和其他的场景布置工作可以继续，与动画制作并行开发。这样可以节省时间，而且可以让你在制作流水线中更早地产生初稿。

16.6 渲染到视频

在你制作了完美的序列之后，是时候将它放入磁盘了。在这方面，UE4 的速度是惊人的。整个动画可以在很短的时间内发布（不仅仅是渲染，还可以上传到 YouTube），这点时间可能只够标准的光线跟踪渲染器（如 Mental Ray 或 V-Ray）渲染 1 帧的时间。

打开序列后，单击 Sequencer 工具栏中的 Render to Video 按钮（参见图 16.8）。将会打开 Render Movie Settings 对话框（参见图 16.9）。在这里，你可以设置各种渲染和导出选项。从 bumper frame，到预卷录制（pre-roll），再到烧入（burn-in），UE4 为视频编辑器和合成器提供了专业级工具。

图 16.8 在 Sequencer 中单击 Render to Movie 按钮

16.6.1 渲染影片设置

如你所见，我设置了 4K 分辨率每秒渲染 60 帧（参见图 16.9）。这将创建如丝般光滑、如刀片般锐利的动画，真正能够吸引眼球。这些文件非常庞大，每分钟的未压缩镜头超过 100GB。

我直接渲染到 AVI（视频序列），但是如果你的工作室有扩展性更强的依赖于线性颜色的后期制作流程，你也可以使用自定义输出选项，单独渲染 HDR 图像缓冲区。

你还可以选择压缩 AVI 以节省空间（不推荐）或以 BMP 和 EXR 等常用格式导出单独的画面。

图 16.9　Render Movie Settings 对话框，设置了 4K（3840×2160）分辨率、
60 fps 的帧速

16.6.2 渲染过程

当 UE4 开始渲染时，它会生成一个小的渲染窗口并开始写入磁盘（参见图 16.10）。渲染窗口位于窗口的左上角，编辑器位于它的后面。要注意右下方的 Capturing video 通知。此外，要注意需要很高的磁盘写入率，越高越好。

此时，渲染过程并未受到正在生成的视觉对象的限制，而是受限于写入硬盘驱动器的速度。这一点再怎么强调也不过分。将画面写入磁盘的操作比渲染画面花费的时间更长。

选择提供最快速度、最能保持性能的磁盘进行写入。务必进行测试。我惊讶地发现，我的SSHD在长时间下比我通常非常快速的SSD要快得多，我一直以为后者是更好的选择。具有更好的持续写入性能的驱动器将带来巨大的好处。

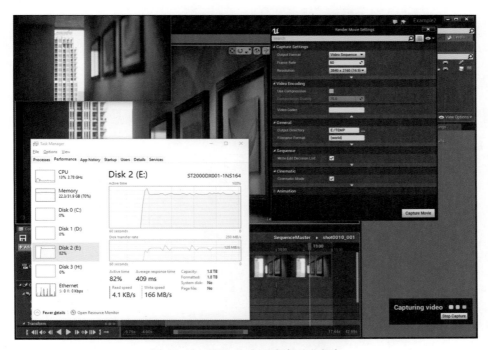

图 16.10　UE4 将序列渲染到磁盘中

动画制作完成后，就像处理任何其他视频文件一样处理它。它可以直接上传到网络或包含在更大的视频中，就像你的标准可视化视频一样。

16.7　总结

可视化工作室转向 UE4 的原因众多，不仅仅是可以生成交互式的内容，而且能够在短时间内满足客户的需求，还能提供令人惊叹的预渲染内容。

这个 90 秒的序列以 4K 分辨率和 60 fps 渲染需要大约 10 分钟。与渲染这些视频文件相比，压缩、复制和上传使用 UE4 生成的大多数视频文件所需的时间更多。

利用 Sequencer 的强大功能，能够始终准确地查看摄像机画面中的内容，以及物理上正确的电影摄像机模型，你可以开始在 UE4 中生成满足传统渲染器质量的视频内容，有时甚至能超过传统渲染器的质量。

第 17 章

为关卡的交互性做准备

基于第一个示例项目中的简单Pawn、游戏模式和玩家控制器，你可以轻松地在关卡中添加探索要素。但是，你必须先在关卡中构建碰撞、玩家起始点和其他设置，然后才能使玩家成功地浏览关卡。

17.1　设置关卡

要为关卡设置交互性，你需要使用鼠标光标和触摸式的输入来设置关卡和玩家控制器。你还将启用鼠标交互事件，这使你可以在运行时单击游戏世界中的 Actor 并将其突出显示。

当然，在继续之前，你需要打开关卡。你可能希望像我一样保存一个新版本关卡，这样就可以轻松地回到未修改版本的关卡中。

17.2　添加玩家起始点 Actor

如第 9 章所述，每个 UE4 关卡都需要一个玩家起始点（Player Start）Actor。这个简单的 Actor 告诉 UE4 当游戏开始时玩家在关卡中所处的位置。

从模式面板拖动一个玩家起始点 Actor 到关卡中，放置在你希望玩家每次进入世界的位置附近（参见图 17.1）。

图 17.1　在关卡中放置玩家起始点

你还应该旋转玩家起始点 Actor，使它面向你希望玩家开始时面向的方向。玩家起始点 Actor 中间的蓝色箭头表示玩家起始点 Actor 的前向向量（Forward Vector）。

17.3　添加碰撞

你现在可以通过单击 Play in Editor 按钮来测试应用程序。这是一个很好的测试机会，然而你会发现自己在关卡以下的空气中坠落。这可能是由于缺少碰撞信息导致的。

碰撞检测在互动游戏和模拟中是非常重要的。知道何时一个 Actor 与另一个 Actor 发生碰撞，以及何时 Actor 进入一片区域，对于创建逼真的世界是非常重要的。

在 UE4 中，你可以使用如图 17.2 所示的 **Player Collision** 视图模式，预览哪些 Actor 有碰撞。在视口中单击 View Mode 按钮，然后在下拉列表中选择 Player Collison。如果要返回常规视图，在 View Mode 下拉列表中回到 Lit 选项。

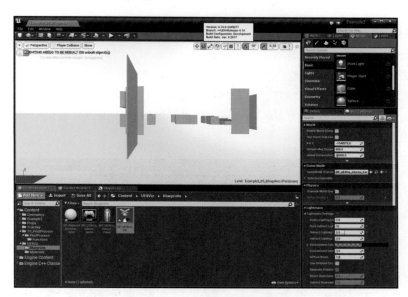

图 17.2　使用 Player Collision 视图模式显示的碰撞

正如你在图 17.2 中看到的（或者，更准确地说是看不到），没有地板或墙壁，但是一些道具和门的网格体已经有碰撞。这些网格体表现为它们的平面着色的碰撞基本体（Collision Primitive）。

初看上去，UE4 中的碰撞有点复杂和难以理解。幸运的是，可视化往往是更简单、静态的事情，而且几乎没有动态 Actor（与屏幕上和游戏世界中同时具有数十或数百个角色的游戏相比）。由此，你可以避免那些可能使碰撞设置变得非常具有挑战的复杂性。

17.3.1　复杂与简单碰撞

游戏倾向于依靠简化版的模型来进行碰撞计算。这是因为这些计算的成本很高，而且随着要处理的多边形和信息越多，成本也越来越高。

UE4 使用可以在引擎中制作的**碰撞基本体**（Collision Primitive，简单模型如箱体、球体和胶囊体），或者使用 3D 应用程序制作的低多边形模型来模拟**简单碰撞**（Simple Collision）。这样可以将更大数量级的多边形用于图像处理，而物理引擎使用场景的优化版本来进行计算。

UE4 也可以根据需要做**每个多边形碰撞**（Per-Polygon Collision）。这通常可在游戏中起到点缀作用，为了添加一些精确的图像效果，例如在表面撞击的精确点上对墙壁或车辆造成的损坏，而实际的物理碰撞出于对速度的考虑，仍然使用简化的网格体。

因为可视化场景可能相对简单，交互元素很少，你通常都可以使用每个多边形碰撞或者**复杂碰撞**（Complex Collision，在 UE4 中的称呼）取代简单碰撞，从而可以省去创建自定义碰撞几何体的时间和精力。

17.3.2　墙壁和地板

你希望玩家在模拟中不能穿越的主要东西是墙壁和地板。因为这些网格体的几何形状简单而且形状笨拙，所以我们可以安全地将它们设置为使用每个多边形碰撞。

为此，在静态网格体编辑器中打开静态网格体资源。在细节选项卡的 Static Mesh Settings 卷栏中，将 Collision Complexity 设为 **Use Complex Collision as Simple**，并确保 Collision Preset 设为 **BlockAll**（参见图 17.3）。

图 17.3　将地板网格体设为使用每个多边形碰撞

你可以使用细节面板来设置以每个 Actor 为基础覆写 Collision Preset。但是，你不能更改 Collision Complexity 属性。你只能在静态网格体编辑器界面或属性矩阵（Property Matrix）中执行此操作。

使用属性矩阵批量编辑

你必须为每个希望玩家碰撞的网格体设置碰撞复杂度。如果你必须逐个打开每个资源，这可能需要很长时间。

幸运的是，UE4 有批量编辑功能。

在内容浏览器中选择所有想要启用碰撞的网格体。在其中一个资源图标上单击鼠标右键打开上下文菜单。在 **Asset Actions** 下选择 **Bulk Edit via Property Matrix**（参见图 17.4）。

图 17.4　在内容浏览器中选择多个资源，使用属性矩阵同时编辑它们

属性矩阵在一个调整过的细节面板中显示所有常见属性。在这里，可以一次性为所有网格体设置 Collision Complexity（参见图 17.5）。你还可以在左侧列表中将属性显示为纵列，以便直观地比较资源，并像表格一样修改单个资源。

图 17.5　使用属性矩阵，一次性设定所有墙壁和地板的 Collision Complexity

有时，属性在不同的界面上有不同的名称。Collision Preset 就是其中之一。为了使用属性矩阵修改这个属性，需要查找名为 Collision Profile Name 的属性。搜索 **collision** 过滤属性，有助于缩小列表范围。在 Collision Profile Name 属性的文本区域输入 **BlockAll** 来设定这个属性。

完成资源的编辑后，务必保存，以便将更改写入磁盘。

可视化碰撞

设置碰撞后，通过将透视视口设为 Player Collision 视图模式来检查碰撞环境（参见图 17.6）。你可以看到碰撞环境，这是 UE4 用于计算碰撞的物理引擎。

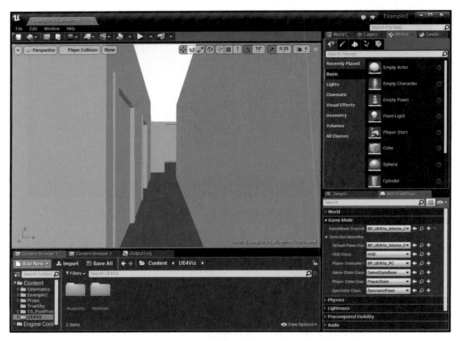

图 17.6　Player Collision 视图模式，显示了墙壁和地板的每个多边形碰撞已经成功开启

17.3.3　设置道具碰撞

设置道具碰撞有一点复杂。我个人更喜欢在模拟中关闭大多数道具上的碰撞，让玩家可以自由地穿过大多数障碍物。我倾向于只有高度在腰部及以上的道具可以阻碍我的玩家。这样可以在较小的空间内感受到更大的移动性，使新手玩家更容易到处走动。

在图 17.7 中可以看到，如果大多数较小的道具坚持启用碰撞，可能会使玩家难以在这个空间中到处走动。

为了使道具仍然具有可碰撞性（对于交互很重要，包括鼠标交互，如单击等），在静态网格体编辑器中将 **Collision Preset**（或属性矩阵中的 **Collision Profile Name**）更改为 **Ignore Only**

Pawn。这样，静态网格体可以对所有其他物理事件做出反应，但不会妨碍玩家的移动。你还可以通过细节面板基于每个 Actor 设置此属性。

图 17.7 最终的碰撞设置，只有墙壁、地板、窗户和大型家具能够与玩家碰撞，
这样给玩家提供了更大的自由度，以便在空间中四处走动

现在，你应该可以单击 Play 按钮并在你的关卡中走动，而不必担心会永远在虚空中直线坠落。墙壁和地板应该让人感觉很牢固，整个关卡应该也很容易在其中到处走动。

如果你发现自己被卡住或正在下坠，那么你需要查看一下关卡中的碰撞设置。

17.4 启用鼠标光标

因为你希望这是一个鼠标驱动的应用程序，所以应该希望能看到鼠标光标。打开玩家控制器（Player Controller），在这个类的默认属性中查找 **Mouse Interface** 组（参见图 17.8）。启用 **Show Mouse Cursor**、**Enable Click Events** 和 **Enable Mouse Over Events**，这样使场景中的 3D Actor 可以与鼠标光标进行交互。

如果现在进行测试，你会注意到现在只能在按住鼠标左键的情况下旋转摄像机。释放鼠标按键将显示光标并释放旋转控制。

你可能还会注意到旋转轴有点"不得劲儿"。当你希望摄像机向左转时它向右转，或者当你想向下看时变成了向上看。

这里的问题是玩家希望用何种方式控制摄像机。通常，当玩家不需要按住按钮旋转时，通常会感觉水平轴更自然地遵循着鼠标的方向。向右就右转，向左就左转。

然而，当用户通过单击并拖动来进行转动时，这种动作更像是在触摸屏上，将光标固定到3D空间中的点并旋转摄像机，就像用户使用轨迹球一样。这意味着把鼠标向右侧拖动应该向左转动视图，而向下拖动则应该使摄像机向上仰起。

你可以根据玩家的期望调整这项变化，方法是通过玩家控制器的 Input Yaw Scale 和 Input Pitch Scale 值（参考图 17.8）。Yaw（水平转向）更快的原因是这样符合人类的感知和感觉。轴速度对称对于感觉来说是错误的。

值得一提的是，摄像机的互动性完全取决于个人喜好。年龄、不同的技术经历，甚至人们最喜欢的游戏，都将影响他们喜欢的交互式摄像机的表现方式。听取玩家的意见，并在每个项目中满足他们的需求是很重要的。

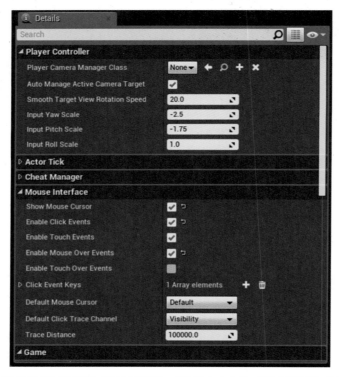

图 17.8　设置玩家控制器使用"鼠标光标"、"鼠标点击"和"鼠标移过"（Mouse Over）事件，调整输入偏航（Yaw）和俯仰（Pitch）以补偿反向旋转的感觉

17.5　创建后期处理轮廓

为了清楚说明哪些 Actor 被突出显示，我希望使用类似于编辑器中使用的轮廓（Outline）。此效果在运行时不可用，因为它使用与主视口完全不同的渲染系统。

取而代之，你可以使用一个后期处理材质绘制轮廓。我已经（可以预见地）将自己在商城中的内容合并到这个项目中，实例化了材质，并对其进行了修改，以满足我的需求（参见图 17.9）。

为了指定一个后期处理材质，必须在后期处理体积的 **Blendables** 数组下进行。

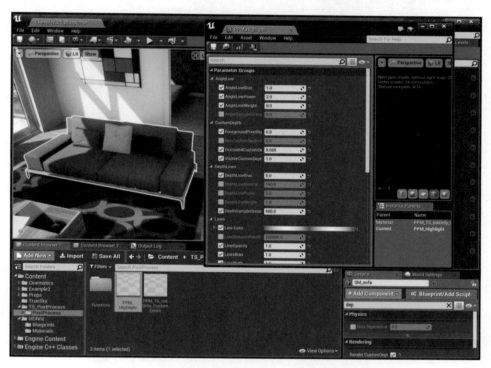

图 17.9　在沙发静态网格体 Actor 上测试后期处理材质，
启用 Render Custom Depth 属性

在这个数组中添加一个条目（Entry），将它设置为一个资源引用，然后从列表中选择一个后期处理材质，或者从内容浏览器中拖放一个后期处理材质到细节面板的属性中。

这个材质使用**自定义深度**（Custom Depth）缓冲区，来定义哪些对象突出显示而哪些对象不突出显示。在关卡编辑器中以每个 Actor 为基础设置自定义深度（参考图 17.9）。

你可能需要在 Project Settings 的 Rendering 部分中启用这个效果（参见图 17.10）。

图 17.10　在 Project Settings 对话框中启用自定义深度缓冲区

17.6　总结

建立你的数据从而使玩家可互动是一个重要的过程，并将确保良好的玩家体验。设置碰撞确保玩家可以在世界中漫游，而不必担心坠落或穿过几何体，从而破坏沉浸式体验。

启用鼠标光标可以开放许多玩家交互的可能性，包括在 UMG 中开发界面及使用输入事件与游戏中的网格体进行交互。

现在，你的项目已准备就绪，可以开始使用蓝图来进行交互式编程了。

第18章

中级蓝图——UMG交互

构建用户界面是大多数可视化专业人员可能从未面对过的挑战。如果没有合适的工具,这可能是一项艰巨的任务。UE4引入了UMG(Unreal Motion Graphic,虚幻运动图形),一个完整的用户界面解决方案,可以用于开发复杂的、数据驱动的界面,或者简单的由开关按钮和Logo组成的叠加图层,这对于制作优美且易于使用的交互式可视化非常重要。

18.1　切换数据集

项目的下一个既定目标是，使玩家可以切换关卡的替代变体，同时保持摄像机位置不变。这种上下文内的切换是交互式可视化的最强大功能之一。使玩家能够比较来自同一视图的不同数据，这是分析备选方案的好方法。并且，玩家可以选择放置摄像机的位置，这一点也非常有用。

UE4 具有一个名为**关卡流送**（Level Streaming）的系统，用于在运行时加载和卸载整个关卡。开发这个系统是为了使游戏可以有非常大的关卡，关卡分解成很多部分，当玩家通过它们时进行加载和卸载，从而避免了加载屏幕打断游戏流程。

在本章中，你将学习使用此系统同时加载两个版本的地图并隐藏和取消隐藏它们，首先使用简单的键盘切换进行测试，然后通过制作 UMG UI 供玩家使用。

为此，你必须首先根据新数据开发一个新关卡，并完成光照、材质和道具。你将使用现有的关卡作为基础，重用前面章节中的大部分工作，从而节省大量的开发时间。

完成后，你将创建一个基于 UMG 的用户界面，让玩家只需单击按钮就可以在不同变体之间实时切换。你将学习如何创建一个 UMG 控件蓝图（Widget Blueprint）并将其附加在视口上，以及如何获取用户输入和发出命令来修改游戏世界。

18.2　制作变体关卡

客户已经为你提供了另一种空间布局。在这个布局中，客厅上方有一个突出的阁楼区域（参见图 18.1）。

图 18.1　3ds Max 中更新后的数据

这是重大的更改，将影响关卡的外观、感觉和光照。因此，你最好创建一个全新的关卡，并拥有自己的光照和几何形状。

幸运的是，你不必从头开始。你可以使用现有的关卡作为起点。首先，如果关卡还未打开，在编辑器中加载你的关卡。可以通过菜单 **File > Open Level** 加载关卡，或者在内容浏览器中找到对应的 UMAP 资源并双击它。

18.2.1　通过 Save As 制作一个副本

创建关卡的一个副本，通过选择 **File > Save Current As**，然后将它命名为 **Example2_V2_MAP** 这样的名字。

这样你的项目就获得了两个关卡：**Example2_MAP** 和 **Example2_V2_MAP**。

此时，两个关卡除了名字外其他完全相同。

18.2.2　导入新的建筑

因为你的关卡之间共享很多共同点，包括道具位置、光照和其他细节，所以你只需要替换建筑网格体。你也可以选择仅替换变化的网格体，但是为了本例的需要，让我们使用完全独特的几何体来创建一个完全独特的关卡。

参照第 12 章 "数据通道"，在 3D 应用程序中准备内容。应用 *UVW* 映射，检查不良几何体，并且像之前做过的一样组织你的内容。你应该为这些网格体指定一些不同的名称，以避免潜在的冲突。

准备好之后，将它们导出为 FBX 文件，并导入 UE4。

当你将 FBX 文件导入 UE4 时，应该将你的内容放入一个新的文件夹中，与之前的建筑网格体分开。这样能确保两个数据集分开维护，避免冲突。

和以前一样，在将 FBX 文件导入内容浏览器的同时，使用对静态网格体的推荐设置。最重要的是，确保将 **Auto Generate Collision** 设为 false，**Generate Lightmap UVs** 设为 true，**Transform Vertex to Absolute** 也设为 true（参见第 12 章的图 12.5）。

导入 FBX 文件后，请不要忘记先保存刚刚创建的静态网格体资源。

18.2.3　替换建筑网格体

在你的新关卡（Example2_V2_MAP）中，选择场景中的所有建筑静态网格体 Actor。按 Del 键删除它们，或者用鼠标右键单击这些 Actor 并选择 Delete 命令删除它们，只留下道具、光源和其他 Actor。

要放置新的建筑网格体，将它们拖动到视口中，然后使用细节面板中的 Location 属性将它们的位置重置为 0,0,0。现在，更新建筑的工作应该已经完成了。

这时你最近放置的静态网格体 Actor 仍然处于选中状态，现在也是很好的时机将它们组织到**世界大纲**（World Outliner）中的文件夹里，以便将来可以轻松地选择它们。

18.2.4   设置光照贴图密度

现在你已经替换了墙壁、地板和天花板，它们已经恢复到默认的光照贴图分辨率。你必须使用 Lightmap Density Optimization View 模式，查看和修改新放置的网格体的 **Overridden Light Map Res** 属性。

你应该尝试尽可能地匹配在上一个地图中设置的密度。这样能确保两个关卡之间的光照构建保持一致。

18.2.5   应用材质

新导入的网格体无疑会缺少材质或应用了默认导入的材质。应该花点时间像第一个关卡中一样应用材质。

18.2.6   启用碰撞

你需要做的最后一件事情是确保正确设置碰撞。使用 Player Collision 视图模式来决定哪些网格体需要启用碰撞。

18.2.7   装饰（可选）

你可以借此机会对关卡进行尽可能多的更改，尝试一些不同的光照、材质、道具，凡是你想得到的都可以尝试。在这个例子中，道具、光照和材质都保持不变，唯一的变化是建筑。这样玩家就可以专注于这点变化上，而不会被其他改变分心。

18.2.8   构建光照

光照存储在每个关卡中。所以，可以使同样的资源在不同关卡中有非常不同的光照设置和光照贴图。这样你可以在使用所有相同资源引用的情况下，为每个关卡烘焙光照。

使用 Save As 的方法创建新关卡的优点是，它保留了之前应用的所有世界设置（World Settings），包括 Lightmass 设置。这使得光照构建确实非常容易，你只需将 Lighting Build Quality 设置为所需的级别，然后单击 Build 按钮。

完成光照构建后，你应该有了一个新的不同的关卡，关卡中有一个高高拱起的天花板和它带来的光照改变（参见图 18.2）。

保存你的关卡。光照和阴影贴图将被写入关卡内（或者如 4.15 版本那样，写入一个与关卡分离的构建数据文件中，只能在内容浏览器或文件浏览器中查看）。

图 18.2 完成的新数据的光照构建成果

18.3 关卡流送

UE4 可以动态加载和卸载整个关卡。这被称为**关卡流送**（Level Streaming），这个系统可以通过简单的蓝图命令轻松地交换大型数据集。

关卡流送的工作方式非常简单。一个被称为**固定关卡**（Persistent Level）的单独关卡首先被加载。这个关卡通常非常简单，甚至几乎完全是空的。

这个关卡或其中的对象或 Actor（如一个蓝图或玩家控制器），可以将另一个关卡或多个关卡载入或卸载。你还可以在编辑器中或在运行时切换已加载关卡的可见性，从而方便地快速切换数据集。

为了设置你的关卡流送，首先需要制作一个固定关卡，然后使用 **Levels** 界面（参见图 18.3）添加你的两个版本的关卡为流送关卡（Streaming Level）。

18.3.1 制作一个新关卡

让我们先制作一个新的空关卡作为你的固定关卡。选择 **File > New Level**，然后从可选项中选择 **Empty Level**。

在你打开新的空关卡后，保存关卡并为它命名（如 Example2_Persistent_MAP）。这个地图只在关卡蓝图中包含一些蓝图代码，用于处理流送关卡的切换。

18.3.2 访问关卡界面

编辑器通过关卡列表来暴露关卡流送系统。你可以通过选择菜单 **Window > Level** 来访问它，将打开 Levels 窗口（参见图 18.3）。

图 18.3　Levels 窗口

你将看到当前加载的关卡被列为固定关卡。

18.3.3　添加流送关卡

单击 Levels 窗口左上角的 Levels 按钮，在下拉菜单中选择 **Add Existing**。选择你制作的原来的关卡（Example2_MAP，参见图 18.4）。你还可以创建一个新的空流送地图，或者使用选中的 Actor 创建一个新地图。

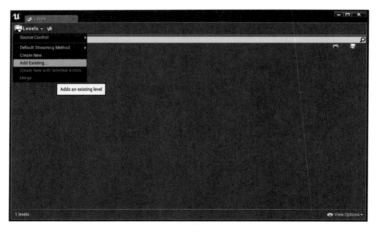

图 18.4　给一个现有的地图添加一个流送关卡

将地图加载到视口中，你会在 Levels 窗口中看到它。

再次执行此操作，将新版本的关卡（Example2_V2_MAP）添加到 Levels 窗口中。

现在，你应该可以在 Levels 窗口中和视口中同时看到这两个关卡。

你可以使用每个关卡上的"眼睛"图标隐藏和取消隐藏关卡。你也可以保存关卡，打开它们的关卡蓝图，并切换编辑锁定状态以防止更改。即使你的项目在运行时不使用关卡流送，使用这些功能也是将大场景拆分为较小文件或组织内容的好方法（参见图 18.5）。请注意，图中使用"眼睛"图标隐藏了 Example2_MAP，该图标现在显示为闭上的"眼睛"图标。

图 18.5　两个版本的关卡都被加载到 Levels 窗口

请记住，Levels 窗口中为每个关卡设置的视图切换仅在编辑器中起作用，运行时的关卡可见性通过蓝图逻辑处理。

现在需要保存你的固定关卡，因为在通过使用 Levels 界面添加流送关卡时它已经被修改了。

18.3.4　使用蓝图与始终加载关卡

注意 Levels 窗口中两个新关卡旁边的小蓝点。这意味着这些关卡使用蓝图加载，而且在通知它们使用蓝图之前，它们不会加载。你还可以在运行时卸载、隐藏和取消隐藏这些关卡[1]。

或者，你可以将关卡设置为始终加载（Always Loaded）。顾名思义，这些关卡被始终加载，无法在运行时隐藏或卸载。

需要始终加载的关卡可以这样设置：用鼠标右键单击 Levels 窗口中的关卡并选择 **Change**

1　卸载关卡将从内存中移除关卡，这在运行时可能需要一些时间。隐藏和取消隐藏会保持关卡的加载状态，只是切换关卡的渲染内容。这是立即发生的。

Streaming Method > Always Loaded。当游戏运行时，这些关卡将会加载，就像它们是固定关卡的一部分一样。

将你的关卡流送方式保持为蓝图方式，因为你希望能够使用蓝图在运行时隐藏和取消隐藏它们。

18.4　定义一个玩家起始点 Actor

即使你的两个流送关卡中已经有玩家起始点 Actor，你也需要为新的固定关卡定义一个玩家起始点 Actor。这有时会让人感到有些困惑，因为你可以在编辑器视口中清楚地看到玩家起始点 Actor 并选择它们，但是当关卡最初加载时它们不在那里。这是因为生成玩家控制器时，流送关卡还没有机会加载。

你可以很容易地从一个流送关卡中复制 / 粘贴一个玩家起始点 Actor 到固定关卡中。从内容浏览器或视口中选中玩家起始点，然后使用菜单 **Edit > Copy**，或者在上下文菜单中选择 Edit > Copy。

粘贴需要更加小心。如果编辑器中加载了多个关卡，你需要在粘贴玩家起始点之前定义哪个关卡是活跃关卡。

你希望这个玩家起始点放置在固定关卡中，所以可以在 Levels 窗口的固定关卡上双击将它激活。你能够判断出它是活跃的关卡，因为它的名字会变为蓝色。

使用 Edit 菜单、上下文菜单或简单地使用 Ctrl/Cmd+V 快捷键将玩家起始点 Actor 粘贴到固定关卡中。

你也可以像以前一样使用类浏览器放置玩家起始点，但仍需要确保正确的关卡处于活跃状态。

现在，你在固定关卡中放置了一个玩家起始点。但是，如果你现在单击 Play 按钮，仍然只会加载一个黑色的空世界。你需要设置关卡蓝图来加载流送关卡。

18.5　设置关卡蓝图

现在，编辑器中已经设置了流送关卡，你可以编写蓝图逻辑以使用**关卡蓝图**（Level Blueprint）切换这些关卡。

18.5.1　打开关卡蓝图

每个关卡都有自己的蓝图事件图，被称为**关卡蓝图**。此蓝图是非常好的处理针对关卡的操作的方式，这些操作就是那些仅发生在一个关卡中而且在那个关卡中基于特定 Actor 或事件的事情。例如，玩家触发了一扇门被打开，或者设置当关卡打开时播放特定的音乐。

任何需要在关卡之间共通的功能（例如玩家的移动）都应由一个常规的蓝图类处理，因为你应该不希望为每个关卡复制和维护那些代码[1]。

要想访问关卡蓝图，你可以在 Levels 窗口中单击想要编辑的关卡所对应的游戏手柄图标，或者在编辑器工具栏中单击 Blueprints 按钮并选择 **Open Level Blueprint**（参见图 18.6）。

你也可以访问已加载关卡的关卡蓝图，并快速访问游戏模式（Game Mode）类。

图 18.6　打开固定关卡蓝图

说明

流送关卡可以有它们自己的关卡蓝图。这是因为一个关卡蓝图只能引用自己关卡内的 Actor。

关卡蓝图在蓝图编辑器窗口中打开（参见图 18.7）。这个编辑器与你到目前为止使用的蓝图编辑器略有不同。这个编辑器明显缺少视口、组件和构造脚本选项卡。关卡蓝图只有事件图，因为它们无法拥有组件，也不像 Actor 类那样进行构造。

1　运行时，所有关卡都被加载到一个世界中，并且所有内容都可以访问其他所有内容。但是，在编辑器中，Actor 和关卡只能访问相同关卡内的其他 Actor。

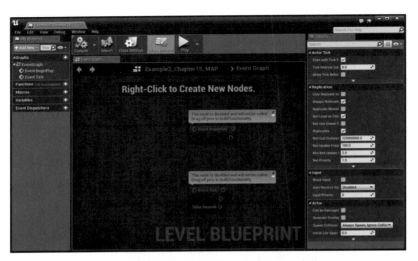

图 18.7　在蓝图编辑器中打开的关卡蓝图

18.5.2　使用事件

事件（Event）是被游戏性（Gameplay）代码调用的特殊节点。当被调用时，它会触发连接到其输出执行引脚的节点图（白色箭头）。可以调用这些事件来响应各种游戏性事件，如游戏开始、关卡重置或玩家按下特定输入。

UE4 有许多预先存在的事件。在上面的图 18.7 中可以看到两个最常见的事件：**BeginPlay** 和 **Tick**。另外，请记住你曾经使用 **InputAxis** 事件在玩家控制器中设置输入。

BeginPlay

在关卡初次载入，所有 Actor 和世界对象已经完成加载和初始化后，游戏会自动调用一次 **BeginPlay** 事件。

这是设置初始关卡流送代码的位置。如前所述，你的固定关卡是空的，需要将关卡流送载入。

为此，你需要使用 **Load Stream Level** 函数。你可以在图 18.8 中看到我已经放置了两个这样的节点。与大多数节点一样，在事件图中用鼠标右键单击并搜索 Load Stream Level 节点。

图 18.8　从 Load Stream Level 节点连接到 Event BeginPlay 节点

放置两个节点后，你需要填充每个节点上的设置，使它们与图 18.8 一致。Example2_MAP 首先通过 Load Stream Level 节点载入，同时将 **Should Block on Load** 与 **Make Visible After Load** 都设为 **True**。Example2_V2_MAP 随后载入，但是通过将 Make Visible After Load 参数设为 *False*，其被初始化为隐藏状态。

你必须将 Level Name 属性设置为与 Levels 窗口中完全一致的关卡名称。此外，你必须在 Levels 窗口中将这个关卡作为流送关卡加载，这样才能通过蓝图进行流送处理。

Should Block on Load 参数强制 UE4 在继续运行任何游戏代码之前等待第一个关卡加载完成（这就是 "block" 的含义，它阻塞游戏继续）。这个阻塞可以防止在完成加载流送关卡及其关联的碰撞之前，你的 Pawn 从固定关卡的虚空中坠落。

> **说明**
>
> 同时加载多个流送关卡可能会占用大量内存。如果遇到崩溃或性能不佳，可以尝试降低内存开销，尤其是显存。可以从降低反射捕捉 Actor 的分辨率和 / 或降低光照贴图的分辨率开始。

延迟函数

请注意，**Load Stream Level** 函数上的**时钟**图标。这表明该节点是一个延迟函数。**延迟**函数需要一段时间才能完成，并且只有在任务完成时才会继续事件图的流程。

加载关卡可能需要几秒的时间。关卡越大且硬盘驱动器越慢，这个时间可能会越长，可能会导致应用程序在加载时发生停顿。这就是为什么我们选择在固定关卡初始加载时同时加载它们，并切换它们的可见性。通过将它们保留在内存中并简单地改变它们的可见性，我们可以避免这种停顿，而且可以做到瞬间切换。

18.5.3　测试时间

如果你现在在单击 Play 按钮，应用程序应该几乎与原来一样地加载地图。但是，它可能比你之前使用 PIE 测试的时间要长一些。

这是因为你正在等待关卡流送进入，即使未显示的 V2 地图也需要时间来加载。

在加载关卡之后，你应该仍然能够像前面章节中那样在空间中移动，但这一次，你已经使用了美妙的关卡流送。

18.6　编写切换程序

现在，你已经加载了地图，下面的任务是让它们可以进行切换。只需要关卡蓝图中的几个节点，你就可以完成这个任务。在向 UMG 界面开发发起挑战之前，你还将了解如何创建一个简单的键盘快捷方式来测试关卡切换。

创建自定义事件

你可以创建自己的**自定义事件**（Custom Event）节点，它可以在蓝图中的任意位置被世界中的其他蓝图调用，为你提供一种组织事件图并允许蓝图相互通信的方法。

你需要一些可以切换关卡可见性的自定义事件。你将使用这些事件来测试关卡切换，然后在开发 UMG 界面时也使用同样的事件。

在固定关卡蓝图中，通过用鼠标右键单击事件图背景并从上下文菜单中选择 **Add Custom Event** 来创建自定义事件节点（参见图 18.9）。

当你创建一个事件时，为它设置一个唯一的名称，然后按 Enter 键确认。

你需要 3 个事件才能使切换系统工作，因此请放置 3 个自定义事件节点，命名第一个为 *ShowVersion1*，第二个为 *ShowVersion2*，第三个为 *ToggleVersions*。你的事件图应如图 18.10 所示。

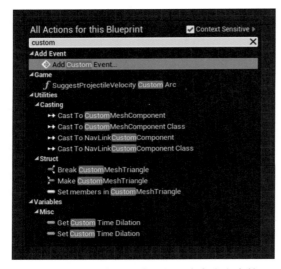

图 18.9　在关卡蓝图中添加一个自定义事件　　图 18.10　添加到事件图中的 3 个自定义事件节点

设置显示版本事件

Show Version 1 和 Show Version 2 函数只会设置流送关卡的可见性，使你可以在两者之间切换。参照图 18.11 设置你的事件图。

这两个几乎是镜像图的执行图，隐藏一个关卡的同时显示另一个关卡。**Get Streaming Level** 函数返回 Package Name 属性定义的关卡的一个引用。你必须手动输入此名称，而且它必须是流送关卡的确切名称。

为了访问关卡的 **Set Should be Visible** 属性，从 Get Streaming Level 函数节点的蓝色返回值引脚拉出一根线到事件图中，松开鼠标按键后可以访问流送关卡的上下文菜单，然后搜索 **Set Visible**。

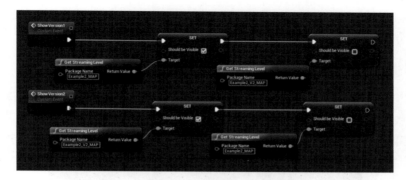

图 18.11 ShowVersion1 和 ShowVersion2 自定义事件，以及它们的执行图

将它构建成先取消隐藏一个关卡然后隐藏另一个关卡。你能看到 Get Streaming Level 节点的 Package Name 中声明的关卡名称。

切换版本事件

Toggle Versions 事件在每次被调用时在两个变体之间切换（参见图 18.12）。**Flip Flop** 节点是特别为此设计的，并且它很有趣。

在 Flip Flop 第一次被调用时，它仅触发 A 输出执行引脚。下一次，它仅触发 B 输出执行引脚，然后是 A，依此类推，在之前创建的两个自定义事件之间交替调用。

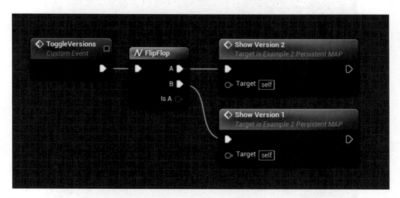

图 18.12 ToggleVersions 事件和它的 Flip Flop 节点，用于在两个自定义事件之间切换

要创建对自定义事件的调用，可以用鼠标右键单击事件图，然后使用在创建自定义事件时为自定义事件指定的名称进行搜索。为了确保能够列出自定义事件，应该编译并保存蓝图。

18.7　测试时间

现在，你已经完成了所有这些设置，在处理 UMG 界面之前，可以花些时间进行测试。没有

UMG 界面，你该如何测试到目前为止的工作呢？一个简便的方法是，只需要在关卡蓝图中创建一个键盘快捷方式。

18.7.1　创建键盘快捷方式

关卡蓝图可以拦截玩家输入事件，就像玩家控制器一样。你可以使用它轻松设置键盘快捷方式以调用切换版本事件。

在上下文菜单中，搜索 "Input L"（参见图 18.13），从 Keyboard Events 列表中选择 L。

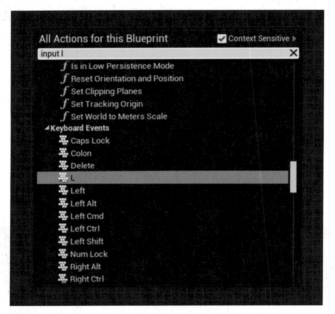

图 18.13　为 L 键创建一个输入事件

然后，只需要从 **L 键盘输入**事件的 **Pressed** 执行引脚连线到 **ToggleVersions** 事件进行调用，如图 18.14 所示。

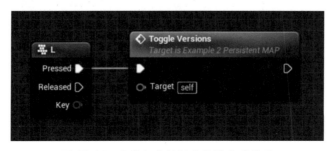

图 18.14　非常复杂的键盘快捷方式代码

18.7.2 编译和保存

你现在应该编译关卡蓝图，确保没有错误或警告，然后保存固定关卡以保存你编写的代码。

18.7.3 单击 Play 按钮

现在，当你单击 Play 按钮时，应该随着你按键盘上的 L 键，你的关卡将立即在两个版本之间切换。

你会注意到额外的窗户会在整个场景中产生多么戏剧性的变化，即使是在远离主要修改的走廊里也是如此。这种切换内容选项的功能非常强大，并为玩家提供了个性化体验。没有两个玩家会在同一个地方，并在同一时间切换有差异的版本。

但是，你不能指望每个人都知道他们可以按 L 键来实现这种改变。你需要为玩家实现一个能提供明确选项的用户界面，为此你需要使用虚幻引擎的内置用户界面系统 UMG。

18.8 虚幻运动图形

虚幻运动图形（UMG）**界面设计器**是一种可视化 UI 创作工具，可用于创建游戏内的 UI 元素，如菜单、标题和按钮。UMG 具有硬件加速、现代的和平台无关的特性，这意味着它可以快速运行，看起来很棒，而且可以在 UE4 支持的任何平台上使用。你可以创作一个界面，用于从 PC、Mac 到 Nintendo Switch，以及介于之间的所有平台。

18.8.1 使用控件

UMG 依赖于**控件**（Widget），这些预制的元素可用于构造界面。预构建的控件可用于大多数常见的 UI 元素，包括按钮、滑动条、下拉框和文本标签，以及用于帮助在 UI 中组织和排列其他控件的控件。

控件集成了一个**控件蓝图**（Widget Blueprint），这是一个专用蓝图类，带有定制的编辑器。

与大多数 UE4 中的类一样，你可以在内容浏览器中创建控件蓝图。在 Add New 菜单中，找到 **User Interface > Widget Blueprint**（参见图 18.15）。将你的新控件命名为 **UI_Example2_HUD**。HUD 的意思是 Head Up Display（抬头显示），通常用来代表玩游戏时始终显示的界面。其他常见的 UI 设置示例有主菜单或暂停菜单。

现在，双击新创建的控件蓝图来打开它并进行编辑（参见图 18.16）。

此编辑器分为两个主要部分：Designer 选项卡，使你可以可视化地设置 UI 的元素；以及 Graph 选项卡，你可以在其中为 UI 添加功能。你可以在编辑器右上方看到 **Designer** 和 **Graph** 选项卡。在这两个选项卡上单击可以切换两种界面模式。正中间是**舞台**（Stage），左边的 **Palette** 面板（包含了所有可以用于构建 UI 的控件）。Palette 面板下面是**层次**（Hierarchy）面板，它通过一个嵌套的列表显示已经放置的控件。底部是**动画**（Animation）列表和**时间轴**（Timeline）。你可以使用它们为 UI 元素开发关键帧动画。最后，右侧是**细节**（Details）面板。与 UE4 中的所有其他细节面板一样，它是上下文相关的，显示了当前所选控件的详细信息。

图 18.15　创建一个控件蓝图

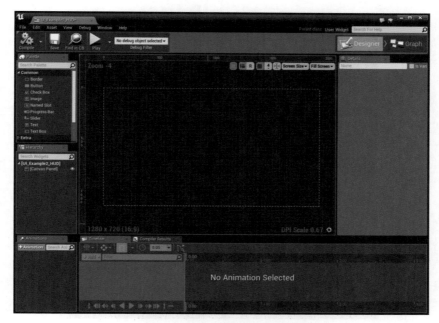

图 18.16 控件蓝图编辑器窗口

18.8.2 水平框

对于这个 UI，你需要两个按钮来实现不同变体之间的切换。你希望这些按钮整齐地排列在屏幕底部，间距均匀，获得整洁、专业的外观。

UE4 附带了一个控件，可以帮助解决这个问题，即 **Horizontal Box** 控件。此控件可以嵌套多个子控件，在水平方向均匀地间隔所有控件。

在 **Palette** 窗口中找到 Panel 组下面列出的 **Horizontal Box** 控件。将它拖入**舞台**。控件将显示在舞台上和 Hierarchy 列表中。

你的控件可能没有处在比较正确的位置，因此你需要将其移动到屏幕底部所需的位置。你可以简单地拖动它，但这不是最好的做法。

UMG 支持任意的分辨率和尺寸，因此几乎可以在任何类型屏幕的任何设备上使用。

其中一种方法是对控件使用锚（Anchor）。一个锚可以确保控件始终附着在屏幕的一个相对的部分：旁侧、角落或中心。

在这个例子中，通过单击细节面板中的 Anchors 下拉列表，将控件附着到底部中心（参见图 18.17）。

执行此操作时，视口中看不到太多更改，因为 UE4 会尝试调整所有布局属性，以使控件保持在同一位置。你必须修改这些属性才能使 Horizontal Box 控件停放在你想要的位置，并且是你想要的尺寸（参见图 18.18）。

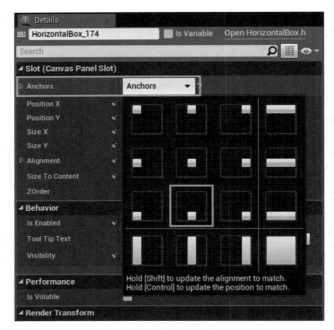

图 18.17　设置控件的锚

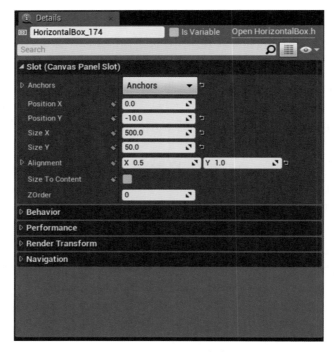

图 18.18　设置 Horizontal Box 控件的 Slot 属性

1. 将 **Position X** 设为 0，**Position Y** 设为 -10。这样可以使控件居中，但距离屏幕底部有 10 个像素。

2. 将 **Size X** 设为 500，**Size Y** 设为 50，定义 Box 的尺寸。

3. 设定**对齐**（Alignment）方式。这基本上是枢轴点的偏移量。如果将其设为 0,0，则控件将从左上角变换，而将其设为 1,1，则控件将从右下角变换。对齐设为 0.5,1.0，将使控件以底部中间为枢轴点。

现在，你应该已经准备好一个 Box 用来组织一些内容，所以让我们给它添加一些内容！

18.8.3　按钮

简单地从 Palette 面板拖动两个按钮（Button）控件到 Horizontal Box 控件中。你可以在舞台上或 Hierarchy 窗口中执行这项操作（参见图 18.19）。当 UI 中的控件变得复杂时，将控件拖动到 Hierarchy 窗口中可能会有很大的帮助。

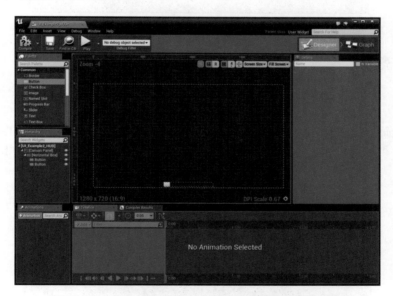

图 18.19　Horizontal Box 控件中的按钮看起来不太理想

你需要对按钮做一些样式和设置工作，使它们的外观和行为正确。

逐个选择按钮并按如下方式设置它们（参见图 18.20）。

1. 最重要的是，你需要为每个按钮提供唯一的名称。如果不这样做，尝试从蓝图访问这些控件将是一个挑战。

2. 设置 **Padding**，左右各 **10** 个像素。你可能需要通过单击 Padding 选项旁边的箭头按钮来展开它，以显示单独的间距选项。

3. 设置 **Size** 为 **Fill** 和 **1.0**。这使按钮可以填满任何可用区域，而不是尽可能小（Auto）。

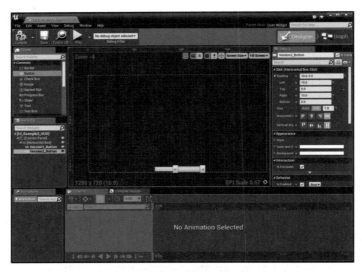

图 18.20　设置按钮控件的 Slot 属性

18.8.4　标签

你的按钮需要一些标签。幸运的是，按钮控件类可以有一个单独的子类——将一个文本（Text）控件作为标签（Label）非常完美。

在 Palette 面板中找到 Text 控件，将其拖动到每个按钮中。设置标签的 Text 属性为文本 "Version 1" 和 "Version 2"。你可能还希望为文本添加一个轻微的阴影效果，使其更加清晰（参见图 18.21）。

图 18.21　添加标签

如果还没有保存你的工作，现在是很好的时机。你的界面已经完成，不需要直接添加任何代码到这个控件蓝图的图中，因为你将在关卡蓝图中处理所有这些代码。

18.9　回到关卡蓝图

你拥有了这个系统运行所需的所有部分，现在只需要组装它们。回到关卡蓝图中完成所有最终的装配。

打开关卡蓝图——单击工具栏中的 **Blueprints** 按钮并选择 **Open Level Blueprint**。

此时最明显的问题是：如何获取我刚制作的 UI 并将其显示出来？要在 UE4 中执行此操作，按照图 18.22，使用蓝图将控件蓝图附加到玩家的视口[1]。

执行此操作的最佳位置是 **Begin Play** 事件，因为你希望 HUD 在加载关卡时就能显示。你将在关卡加载完成之后添加此代码，这样你就不会向玩家展示了 UI 但其不能单击（这样很无礼！）。

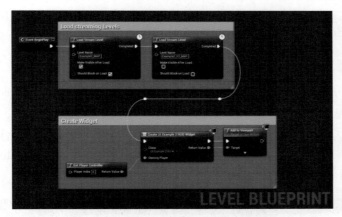

图 18.22　创建一个控件蓝图的实例并将其添加到视口中

以下几节内容会引导你将所有组件连接在一起。

18.9.1　创建控件

第一步是创建控件对象，它将从磁盘中载入控件类，并且在内存中创建一个它的实例（当然，对于给定的控件，你可以创建不止一个对象，它们都实例化自一个 Widget 蓝图类）。

像往常一样，用鼠标右键单击事件图并搜索 **Create Widget** 以创建此节点。

在放置 Create Widget 节点后，你需要做两件事。

1. 指定要生成的类，在 UI_Example2_HUD 的例子中，通过 Class 下拉列表进行选择。

1　注意白色执行图中的重定向（Redirect）节点。这些节点使程序员可以通过定义执行路线的形状来制作更有可读性的节点图。在路线上双击可以添加一个节点。

2. 为这个函数提供一个你的玩家控制器的引用。只需要用鼠标右键单击视口，从列表中找到 Get Player Controller，然后将其连接到 Owning Player 引脚。

你需要这样做，因为多人游戏环境可以有多个玩家控制器，你需要知道 HUD 属于谁。在本例中，只有一个玩家控制器，所以你只需要引用第一个可用的玩家控制器。

18.9.2　将控件添加到视口中

要使控件附着在视口中，并且可见和可交互，你需要将其添加到视口中。

要访问 Add to Viewport 节点，请从 Create Widget 节点（现在应该显示为"Create UI Example 2 HUD Widget"）的 Return Value 中拉出一根线到图形编辑器中释放，这将打开控件类的上下文菜单。搜索 **Add to Viewport** 节点并将其添加到图中。蓝线将自动连接到新创建的 Add to Viewport 函数的 Target 引脚。

现在是单击 Compile 按钮的合适时机，如果没有错误，请保存你的关卡蓝图。

如果现在运行游戏，你将看到屏幕底部显示两个按钮。如果你单击它们，将没有任何反应。幸运的是，你已经构建了切换函数，你只需使按钮在被按下时调用这些函数。

18.9.3　事件绑定

UE4 的一个强大功能是一个蓝图能够绑定到另一个蓝图中的事件。这使得一个蓝图可以使用一个统一的代码路径处理多个交互或事件。

为了检测事件，必须首先获得对你制作的按钮的引用（参见图 18.23）。你可以轻松地执行此操作，因为 Create Widget 方法返回对其创建对象的引用。所以，从 Return Value 拉一根线到图中，以访问控件类的上下文菜单。

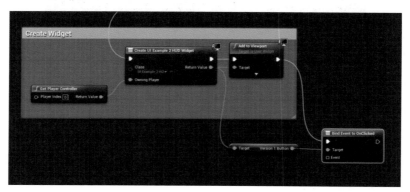

图 18.23　获得你在 HUD 控件中创建的按钮的引用

搜索 **Get Version** 并选择 **Get Version 1 Button**。从这个 Get 节点再次拉出一根蓝线并搜索 **Bind**。你可以绑定到相当多的事件，也可以取消绑定事件。为你的按钮选择 **Bind Event to OnClicked**。将它连接到 Add To Viewport 函数，因为要使你设置的这个绑定生效，必须调用它。

现在你需要定义当绑定的 OnClicked 事件被触发时将调用哪个事件。使用红色 / 橙色的 Event 引用引脚执行此操作。

从这个引脚拉线到 ShowVersion1 自定义事件的相似引脚上，你可能需要移动节点，以便更轻松地完成此操作（参见图 18.24）。

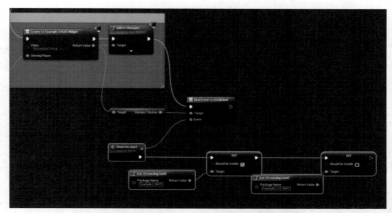

图 18.24　将以前创建的 **ShowVersion1** 事件绑定到 **Version1Button** 控件的 **OnClicked** 事件

现在，当然还需要对另一个按钮重复这些操作：从 Create Widget 节点获得一个引用，将你的另一个自定义事件指定给这个按钮的 OnClicked 事件（参见图 18.25）。

图 18.25　在固定关卡蓝图中，两个按钮都绑定了切换事件

现在，单击按钮会导致事件被触发，从而切换关卡。

18.9.4　编译和保存

务必编译你的关卡蓝图，如果没有错误，保存你的工作。

18.9.5　运行游戏

现在，你可以在你的关卡上单击 Play 按钮，你将体验到一个完全成熟的由鼠标驱动的用户界面。你应该能够使用键盘和鼠标进行浏览，使用 UI 毫不费力地在两个版本之间切换（参见图 18.26）。

图 18.26　PIE 模式运行游戏，有功能齐备的按钮，能够即时切换

18.10　总结

在本章中，你已经走了很长的路，挑战了许多新的领域。

你已经了解了 UE4 中的关卡流送系统，使用这个系统在运行时即时地轻松切换整个关卡。这是在可视化应用程序中替换数据集的好方法，易于设置和维护。

你还理解了蓝图如何使用事件绑定相互通信，并使用这种能力通过 UMG 构建简单但有效的用户界面。

UMG 是一个很好的资源，也是最好的用户界面工具之一。结合 UE4 的灵活性和强大功能，你几乎可以创建任何你能想象到的应用程序。

虽然这个游戏只是一个简单的例子，但是 UMG 已经成功地用于非常复杂的项目，例如应用于成熟的 AAA 级的热门电子游戏，或者一个像 A/B 比较工具这样简单的项目。UE4 的性能、灵活性和易用性是其几乎在所有可视化行业中都占据主导地位的原因之一。

第19章

高级蓝图——材质切换器

构建产品级别的蓝图对于你通过UE4取得成功至关重要。好的蓝图系统应该可以不仅在你的应用程序中创建新的功能，而且可以被构建为一个易于你自己或团队中其他人使用的工具。在本章中，你将了解如何创建单个Actor蓝图，该蓝图使玩家可以在场景中的任何网格体上单击，在定义的材质列表中切换这个网格体的材质。通过剖析此蓝图，你可以看到蓝图如何相互通信并动态更改属性。

现在你已经了解了如何制作交互式可视化应用程序，创建一个玩家控制器和Pawn，切换关卡，以及在UMG中开发用户界面，现在是时候迈出下一步了——好吧，也许只是很小的一步。

本章一般来说面向的是UE4中具有编程经验的个人，或想要了解如何构建高级系统的人员。不管怎样，你应该牢牢掌握本书前面介绍的所有主题，然后才开始尝试从头创建或继续跟随本章的内容构建项目。

本章演示了该系统总体上最重要的部分，并就如何在UE4和蓝图中完成一些常见的编程模式提供了指引。

当然，你可以在本书的配套网站上下载本章的项目文件，这样你就可以解析、按部就班地学习，或复制/粘贴代码到你自己的项目中。（我不介意，真的。）

19.1　设定目标

目标是创建一个蓝图Actor类，它能够：

- 使关卡设计师（LD）可以使用编辑器将蓝图放入关卡中。
- 定义一个在单击时可以更改材质的场景静态网格体Actor的列表。
- 使LD可以定义一个材质列表，当玩家单击其中一个网格体时可以在这个列表中循环选取材质。
- 当玩家的光标悬停在列表中的Actor上时，高亮显示Actor，表明它是可修改的。

我大概能想到5种方法来实现这样的系统。编程很少有完美的解决方案。每个程序员会以不同的方式处理问题。

对于此项目，我们将创建一个Actor蓝图，包含几个变量来存储网格体和材质列表。该蓝图将通过视觉提示清楚地向LD显示正在设置的内容，使设置简单、可靠，并使调试错误更容易（参见图19.1）。

图 19.1　放置在关卡中的材质切换器蓝图，显示出对 LD 友好的设计

我们还将一些商城中的内容迁移到我们的项目中，并对其进行修改，以便使用一个后期处理域的材质来产生对象轮廓，并使用蓝图进行切换。

19.2 构建 Actor 蓝图

你可以使用一个单独的蓝图添加所需的所有功能，以便为玩家和负责设置关卡的设计师（**Level Designer**，LD）创建易于使用的系统。

Actor 蓝图是可以放置在关卡中的蓝图，它有可以修改的 3D 变换。你可以附加组件给蓝图 Actor 来扩展它们的功能。这些组件包括网格体、粒子效果、音效等。

Actor 蓝图也可以做一些特别的事情。它们可以引用关卡中的其他 Actor。这很重要，因为你需要此蓝图与关卡中的各个静态网格体进行通信以修改它们。

从内容浏览器创建蓝图。当选项提示你选择新的蓝图所基于的类时，选择 Actor 类（参见图 19.2）。

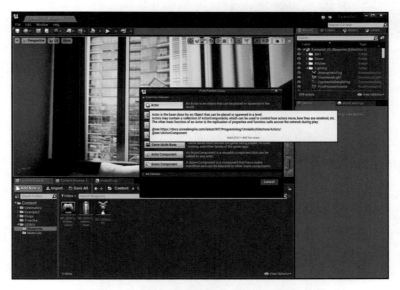

图 19.2 从内容浏览器创建一个新的 Actor 蓝图

我将蓝图命名为 BP_MaterialSwitcher_Actor，并且将它与 PC、游戏模式和 Pawn 一起保存在我的 Blueprints 文件夹中。

19.3 创建变量

你需要在这个蓝图类中存储一些信息或数据。为了在蓝图中存储数据，需要使用一个变量。变量有很多不同的类，包括你可能熟悉的简单类型，例如布尔值或浮点数，也包括你已经在项目中使用的任意类。

图 19.3　材质切换器蓝图中的变量和函数

这种将类和 Actor 用作变量的能力，使你可以引用想要修改的静态网格体 Actor。你还可以引用存储在内容浏览器中的资源。这使你可以定义将要应用于静态网格体的不同材质。切换蓝图只需要几个变量就可以工作（参见图 19.3）。

在蓝图编辑器中创建变量，可以通过使用 My Blueprint 面板中的 Add New 按钮，或者单击该面板中 Variables 部分旁边的 + 图标（参考图 19.3）。

你创建了一个变量，需要为它命名并指定类型。你可以在 My Blueprint 面板中或者在这个变量的细节面板中重命名它和为它指定类型。

你不仅可以为变量定义**类型**（浮点数、字符串、向量等），也可以将它定义为一个**数组**。数组变量将成为它设定的任何类型的列表。如果变量的 **Allow Editing** 参数已被设置为 true，则可以在 Actor 的详细信息中编辑和修改此列表。

每次创建新变量时，它将被设为所选类型和数组的默认设置。

19.3.1　Meshes To Modify 数组

Meshes To Modify 变量是一个静态网格体 Actor 的数组（已经被放入关卡的静态网格体，而不是内容浏览器的静态网格体资源引用），它们在被单击时将成组地改变材质。这让 LD 可以在数组中定义几件家具（例如所有餐厅中的椅子），当单击其中一个家具时，所有这些家具都会一起改变材质。

一个数组类型的变量可以拥有事件图节点能访问的关卡 Actor 列表（参见图 19.4）。

在你对这个变量完成了创建、命名和指定类型后，单击它旁边的网格图标，将它转化为一个数组。注意，当你单击一个变量时，细节面板将填充该变量的属性。

将一个变量设为 **Editable**，将其显示在此类的关卡 Actor 的细节面板中。这使得它在关卡中的每个实例都可以有一个不同集合的网格体指定给这个数组。你可以在图 19.4 中看到 Meshes To Modify 属性已显示在细节面板中。

Expose on Spawn 是一个特殊的设置项，如果你在运行时以编程方式生成此 Actor，这个设置项使你可以轻松地设置变量。你将不会这样使用，所以你的变量都不需要此设置。

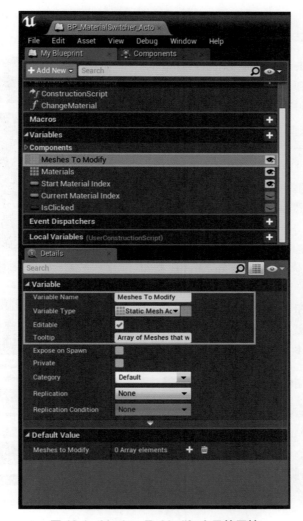

图 19.4　Meshes To Modify 变量的属性

19.3.2　Materials 数组

Materials 变量是一个 **Material Interface** 引用的数组。Material Interface 变量类型允许使用常规材质和材质实例。

与 Meshes to Modify 变量引用关卡中的静态网格体 Actor 不同，Materials 数组变量引用内容浏览器中的资源。这使系统可以从项目的材质库中读取材质，即使这个材质没有被指定给场景中的任何对象。

将此变量设置为 Editable，允许 LD 在每个关卡内基于每个 Actor 更改这些值。

19.3.3 Start Material Index 变量

Start Material Index 变量是 **Integer** 类型的。Integer 是整数，如 1、-2 和 8675309。它们不能有小数，但可以是负数。在本例中，用它来定义 Materials 数组中要选择的材质。

索引（Index）是一个术语，代表了数组中一个条目的数字位置。在 UE4 中，索引从 0 开始计数，所以索引 0 是数组中的第 1 项，索引 3 是第 4 项。这有点令人困惑，给我带来的障碍比我愿意承认的更多。

在本例中，你将使用它来定义将 **Materials** 数组中的哪个材质应用到你的 **Meshes to Modify** 数组中的 Actor。

你也需要将这个变量设为 **Editable**（参见图 19.5），这样当你制作关卡时，就可以决定从哪个索引开始，从而决定默认应用哪个材质。

19.3.4 Current Material Index 变量

你设置的 **Current Material Index** 是另一个整数，设置方法与 Start Material Index 完全相同，但是要禁用 Editable 属性，因为 Current Material Index 仅在运行时由蓝图代码使用，并且永远不会由用户直接设置。你将使用这个变量跟踪用户的单击事件，用户单击一次增加 1。

图 19.5　Start Material Index 变量的属性，设为 Integer（整数）和 Editable

19.3.5 IsClicked 变量

IsClicked 变量是一个布尔类型的变量。一个布尔变量只能有两个可能的值：true 或 false。像 Current Material Index 一样，它也不是一个可编辑的变量，因为代码在运行时使用它来确定玩家是有意地在一个 Actor 上点击，还是这只是一次无意义的点击事件。

19.4　添加组件

组件（Component）类似于蓝图的子 Actor。它们是 C++ 和蓝图类，可以包含其他蓝图类能做的任何事，包括代码、效果和输入。

在蓝图中创建组件有两种方法，在运行时以编程方式创建，或使用蓝图编辑器中的组件和视口选项卡手动创建（参见图 19.6）。

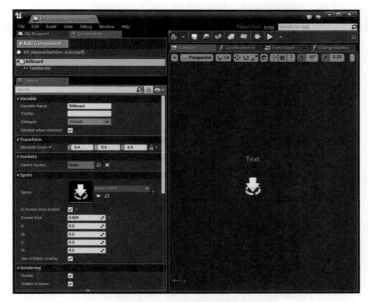

图 19.6 Billboard 组件细节

19.4.1 Billboard 组件

Billboard 组件将作为你的 Actor 的基础。Billboard 类显示一个纹理，它总是面向玩家的。你可以将它用于镜头眩光或其他的特殊效果。在本例中，可以利用它放置一些 LD 在关卡中能看到和选择的东西。

要创建组件，使用 Add Component 下拉列表并选择所需的类型，在本例中是一个 Billboard 组件。

为了替换默认的 DefaultSceneRoot 组件，拖动新创建的 Billboard 组件到 DefaultSceneRoot 组件上来替换它。

如图 19.6 所示，你也可以定义一个定制的 **Sprite** 纹理用于显示。显示的 Spawn_Point 来自 UE4 附带的引擎内容 [1]。你也可以在此处创建和导入自己的纹理。

将 **Is Screen Size Scaled** 设为 true，确保 Sprite 不会超出屏幕的特定大小。这有助于避免当视口摄像机靠得太近时屏幕被巨大的 Sprite 填满。

---

1 你可以通过在内容浏览器中单击眼睛图标并选择 Show Engine Content，来访问引擎所包含的内容。注意不要修改引擎内容中的任何东西，因为这可能导致稳定性问题和团队成员之间共享内容的问题。

19.4.2　TextRender 组件

　　TextRender 组件非常方便，它在 3D 空间中显示为一个 2D 文本字符串，可以动态编辑（参见图 19.7）。我用它来显示在 Meshes To Modify 数组中选择的第一个网格体的名称。这纯粹是为 LD 在创作关卡时提供帮助。

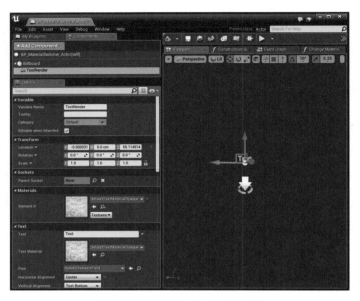

图 19.7　TextRender 组件细节

19.5　创建 Change Material 函数

　　Change Material 函数（参见图 19.8）实质上是整个蓝图的核心。它处理将材质分配给指定的静态网格体的工作。它还包含一些逻辑，可以避免错误并确保始终能够指定材质。

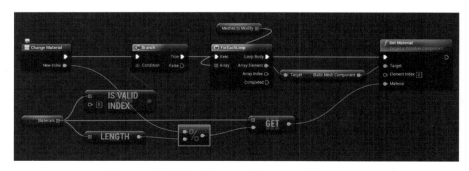

图 19.8　Change Material 函数

函数用于封装特定的功能，特别是当你想要重用它们时。在本例中，你希望在构造脚本中更改材质，这发生在事件图中的 Begin Play 事件之后，以及运行中玩家单击列表中的网格体时。

创建函数的方式与创建变量的方式类似，在 My Blueprint 面板中进行。

单击 Add New 按钮，从下拉菜单中选择 Function，将其命名为 Change Material。

创建函数后，它将立即打开，以在空白事件图中进行编辑。要打开已创建的函数，在 My Blueprint 面板中双击它的条目。

19.5.1　New Index 输入

函数可以有输入和输出，使它可以处理和返回数据。输入和输出甚至可以是不同的数据类型。一个可以这样做的简单函数是数组的 **Get** 函数。你向函数提供一个整数索引值，它将返回定义的数组的任何内容，例如静态网格体或材质。

要添加输入，在图形编辑器中单击函数节点，这样将显示函数的属性，包括一个用于添加输入和输出的区域。

在细节面板上单击 Inputs 旁边的 + 按钮来添加一个输入，将其命名为 New Index，并且将它的类型设为 Integer。

这个输入将定义 Materials 数组中要使用的索引。这使函数变得多功能化。不是为每个材质编号编写一个新函数，而是简单地使用此变量来定义所需的索引。

19.5.2　Is Valid Index

在继续之前，先在 Materials 数组上执行 Is Valid Index 检查，以确保数组有效且你没有访问一个空的数组项。

19.5.3　For Each Loop

如果 Is Valid Index 检查通过，则该函数将循环遍历 **Meshes To Modify** 数组中的每个网格体，并在其上调用 Set Material 函数。

为了决定应用哪个材质，你必须使用提供的 New Index 值从 Materials 数组中获取它的一个引用。

取模（%）节点用于确保提供的任何整数都在可用的材质范围内。它通过返回 A 除以 B 的余数来实现这一点，例如 1 mod 4 = 1、4 mod 4 = 0、5 mod 4 = 1、55 mod 4 = 3。

19.6　理解构造脚本

脚本代码会运行两次，一次是 Actor 构造时的**构造脚本**（Construction Script），另一次是运行时的**事件图**（Event Graph）。

构造脚本仅在这个类第一次生成到世界中时运行。这可能是当你在编辑器中放置或修改

Actor 时，或者在运行中生成一个 Actor 或对象时。可以在构造脚本中对蓝图（游戏运行前需要做的事情）进行编程。其包括了生成组件、修改其他 Actor，等等。

　　放置在关卡中的 Actor（而不是在运行时生成）只在编辑器中运行它们的构造脚本，并且在保存关卡时，结果将保存到文件中。即使关卡重新加载，构造脚本也不会再次运行。

　　我们类中的构造脚本执行 3 个主要操作：设置文本标签，从 Actor 绘制连线到要修改的网格体，以及设置网格体的材质以匹配起始索引变量（参见图 19.9）。

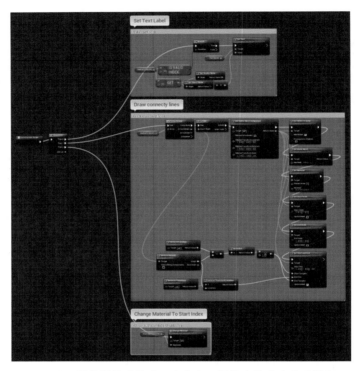

图 19.9　最终的构造脚本，3 个主要操作在构造脚本中执行

19.6.1　设置文本标签

　　构造脚本首先尝试根据选定的网格体设置 TextRender 的 Text 属性（参见图 19.10）。如果没有选择网格体，它将显示 None，可以帮助 LD 了解他的系统是否设置正确。

　　为此，构造脚本获得了 Meshes To Modify 数组第 1 项的引用，使用 Get Display Name 获得它的名称，然后将它连接到 Text Render 组件的 Set Text 函数。

　　与许多引用特定类的蓝图节点一样，你需要先获取对 Text Render 组件的引用，然后从它拉出一根线到编辑器中，以查看该类可用的上下文节点列表。

　　分支是为了确保你没有在空数组上调用 Get（这很糟糕并且可能导致崩溃），所以只有在 Meshes To Modify 数组的第一个条目（Index 0）有效时，它才会继续完成其代码路径。

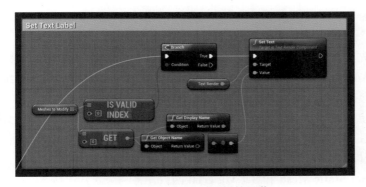

图 19.10 TextRender 组件细节

19.6.2 绘制连线

在设计用于产品的蓝图时，你不仅要考虑玩家如何与蓝图互动，还要考虑设置关卡的人如何与它们互动。过于复杂或难以使用的工具不会有人使用，制作它们所用的时间最终被浪费了。因此，改进一些编辑器中的功能可以确保所有人都可以轻松使用。

LD 想要了解哪些静态网格体 Actor 被放置的材质切换器 Actor 所引用，为此需要提供一种可视化方法，从一个盒体向下拉一根样条线（Spline）到每个 Meshes to Modify 数组中列出的网格体（参见图 19.11）。

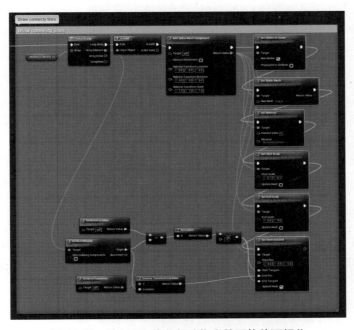

图 19.11 绘制 3D 线条帮助指定的网格体可视化

因为你希望为 Meshes To Modify 数组中的每个网格体绘制一根线，所以你需要使用 For Each Loop 循环遍历这个数组。

每次循环首先检查循环函数返回的 **Array Element** 是否有效（数组中可能有空条目）。如果它有效，则使用 **Add Spline Mesh Component** 节点添加一个新的样条线网格体组件到蓝图中。

每根线随后会被设计，使它从切换蓝图指向每个被引用的网格体。

Set Hidden in Game 使组件在编辑器中可见，但是当你进入游戏模式时（单击 Play 按钮进行模拟，或者按 G 键预览游戏模式），它将被隐藏。许多仅限编辑器的 Actor 使用此设置，例如光源 Actor 中的图标和箭头。

然后，使用 **Set Static Mesh** 和 **Set Material** 函数，将一个立方体静态网格体资源和一个材质指定给样条线网格体组件。

设置起点和终点的尺寸，使用 **Set Start Scale** 和 **Set End Scale** 创建一个像箭头一样的形状。

最后，使用 **Set Start and End** 函数设置样条线起点和终点的端点位置，即相对于蓝图 Actor 的世界坐标。因为这些位置是相对于蓝图在世界中的位置，所以 0,0,0 这个值代表了蓝图枢轴点的位置。

随后，使用 Get Actor Bounds 函数查询静态网格体 Actor 的世界坐标位置。然后使用 Inverse Transform Location Position 节点将其转换到局部空间，并将其传送到 Set Start and End 节点的 End 属性。

此时的样条线看起来会很奇怪，因为首先必须定义样条线上每个点的切线方向。由于你希望切线简单地沿着样条线向下的方向，所以通过两个点的位置相减来计算它们之间的切线，然后将结果归一化以获得一个单位向量，这个向量可以同时连接到 Start Tangent 和 End Tangent 属性。

使用 Context Sensitive 复选框

应该记得，为了访问这些函数，你需要从 **Add Spline Mesh Component** 节点的 **Return Value** 拉出一根线来访问此类可用的成员函数。你也可以取消勾选弹出菜单中的 Context Sensitive 复选框。这将列出你可以放置在蓝图中的所有可用方法。但是，你可能会感到困惑，因为与使用上下文排序的列表相比，你将获得太多的选项。

拉出连线的技术对各种节点都很有用。例如，要轻松找到 Vector 类的 *vector 数学节点，你可以从一个引脚拉出一根黄色的向量线，输入 * 可以获得向量能使用的各种乘法函数的列表。

19.6.3　更改材质到初始索引

为了使材质切换器可以在编辑器中工作，你可以从构造脚本中调用你创建的 Change Material 函数（参见图 19.12）。现在，当 LD 设置 Start Material Index 变量时，他将在编辑器中看到材质发生了相应的更改。

将 Change Material 函数添加到构造脚本中也是一种方便的测试函数的方法，因为你可以手动提供索引并查看它是否确实按预期更改了材质。

图 19.12　在构造脚本中调用 Change Material 函数

19.7　理解事件图

事件图是游戏运行时蓝图运行的部分。在这里可以有函数、事件和节点，用于响应各种游戏事件，如 Tick 和输入事件。在这个蓝图中，事件图在玩家单击 Actor 时，处理高亮显示的 Actor 和改变它们的材质（参见图 19.13）。

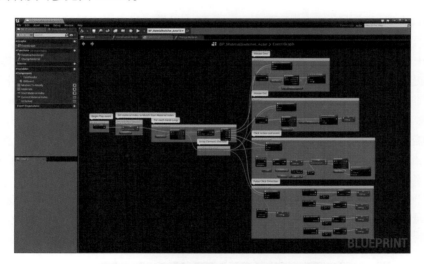

图 19.13　事件图概览，显示了主要的函数

在继续之前，确保你正在使用蓝图编辑器的 Event Graph 选项卡。

材质切换器蓝图类中的事件图的主要目的是，设置所有 Meshes To Modify 数组的 Actor，以接收鼠标输入事件。为此，代码循环遍历 Meshes To Modify 数组中的每个网格体，使用事件绑定来告诉那些网格体当它们被玩家单击时的行为。

19.7.1　Begin Play

蓝图中的事件图代码从 Begin Play 事件开始。这个事件只会被调用一次，即首次在游戏中生成并运行 Actor 或对象时被调用。

现在，对于图形中从 Event Begin Play 节点开始的第一部分，大家可能已经很熟悉了。对于 Meshes To Modify 中的每个静态网格体 Actor，代码循环遍历数组中的每个网格体，执行有效性检查以避免访问空指针。如果有效，则它将功能分配给可用的各种鼠标交互事件。

19.7.2　事件绑定

正如你在前面章节中学到的，蓝图可以绑定游戏中其他类中发生的事件，这对于保持蓝图简单和整洁非常有用。你不需要向每个要注册鼠标事件的网格体添加代码，只需使用绑定到事件（Bind to Event）的功能。

与之前一样，你必须从绑定到函数的节点的红色或橙色委托框拉一根线到图形编辑器中，然后释放并选择 **Add Custom Event**。这将创建一个新的自定义事件，其中包含为此事件正确配置的输入和其他设置。在本例中，你可以看到这个自定义事件返回一个被自动添加的 Touched Actor 引用。

19.7.3　Mouse Over 和 Mouse Out

与许多具有鼠标驱动接口的应用程序一样，UE4 提供了鼠标光标开始和结束悬停在 Actor 上的事件。

在本例中，一个事件用于设定 Meshes To Modify 数组中每个网格体的自定义深度（Custom Depth），以使后期处理材质能够检测到这个网格体。从图中可以看到（参见图 19.14 和图 19.15），当玩家悬停在 Actor 上时，代码只会循环遍历 Meshes To Modify 数组，将每个网格体的 Custom Depth 属性设为 true，当光标离开时恢复为 false。

然后，自定义深度被后期处理材质读取，为光标悬停所在的 Actor 生成一个轮廓。

一个节点设置 **Is Clicked** 变量为 false。这确保了如果玩家的光标离开 Actor 的范围，即使按下按钮，玩家释放鼠标按键时也不会触发材质更改。

就是这种类型的功能提升，造成了一个令人沮丧的系统与一个玩家期望的系统之间的差异。添加这个变量是因为经过测试发现存在玩家在拖动视图后释放鼠标按键时意外更改了网格体材质的情况。

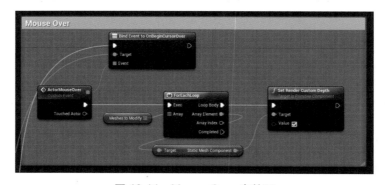

图 19.14　Mouse Over 事件图

图 19.15　Mouse Out 事件图

19.7.4　点击行为

当玩家在 Meshes To Modify 数组中的一个网格体上点击时，你希望它改变材质。这是通过增加 Current Material Index 变量来完成的，再次使用取模（%）运算符（参见图 19.16），以确保其值保持在可用范围内，基本上就是以指定的数循环整数。

图 19.16　点击行为和事件

然后，取模的结果被发送到 Change Material 函数，这个函数依次修改 Meshes To Modify 数组中的所有网格体。

19.7.5　检测错误点击

有些时候，玩家想要使用鼠标旋转摄像机，并不想要点击放置在关卡中的交互式网格体。如果你允许更改墙壁和地板，那么玩家可以点击而不会意外触发材质切换的地方可能会很少。

要解决这个问题，蓝图会检测输入，如果玩家不只是点击，而是点击和拖动，那么其可能是为了旋转视图的输入（参见图 19.17）。

这是 IsClicked 变量发挥作用的地方。仅当玩家直接点击网格体时才将此变量设为 true，而对于任何其他鼠标输入，将它设为 false，以避免调用 **Change Material** 函数。

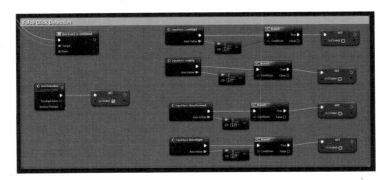

图 19.17　错误点击行为检测

19.8　填充关卡

与要从内容浏览器放到关卡的所有资源一样，你最好的选择是简单地将它们从内容浏览器拖放到视口中。

首先将一个材质切换器蓝图放置在要修改的网格体附近（参见图 19.18）。注意右侧的细节面板，可以看见之前标记为 Editable 的变量，其可供 LD 修改。

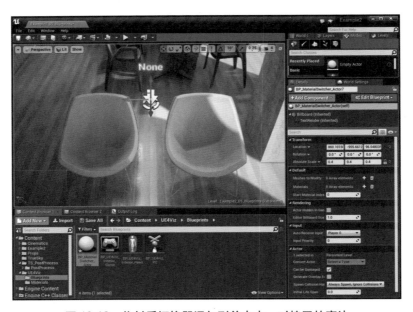

图 19.18　将材质切换器添加到关卡中一对椅子的旁边

19.8.1　添加网格体

现在，定义你想要蓝图影响的网格体。在细节面板中，找到 Meshes To Modify 数组，单击 +

按钮给数组添加一个新项。将会出现一个下拉列表，显示了关卡中的所有静态网格体。这可能是选择网格体的一种比较困难的方法，其实可以考虑使用吸管工具（参见图 19.19），这样更简单。

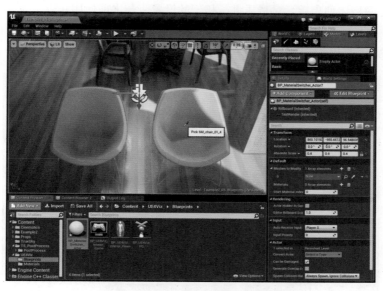

图 19.19　使用吸管工具选择网格体

在你将网格体添加到列表中后，构建脚本将会运行，你应该会看到蓝图和列表中的每个网格体之间都绘制了一根线（参见图 19.20）。

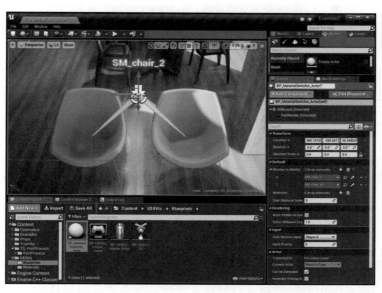

图 19.20　将网格体添加到 Meshes to Modify 数组中，连接线和文本标签同时可见

19.8.2　添加材质

在你填充完网格体列表后，对材质进行相似的设置。与之前使用吸管工具从世界中选取网格体不同，需要从内容浏览器中选择材质或材质实例，因为 Materials 数组是对资源的引用而不是对 Actor 的引用（参见图 19.21）。

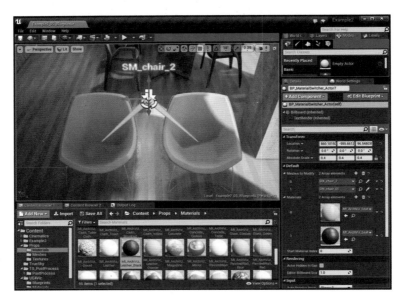

图 19.21　完整设置的蓝图，为 Materials 数组指定了材质

19.8.3　设置默认值

除了数组外，此蓝图中没有多少选项可用。但是，你可以设置 Start Material Index 变量。这是设置默认外观的简便方法，也是在单击 Play 按钮之前预览材质的一种方法。

19.8.4　复制和粘贴

设置这些 Actor 的一个很好的快捷方式是，能够像变量一样复制和粘贴它们。例如，你可以在细节面板中选择整个 Materials 数组，选择 Copy，然后将其粘贴到另一个 Actor 相同的属性字段中。

这个技巧也不仅限于蓝图。你会对 UE4 中有多少东西可以复制和粘贴表示惊讶。

19.9　运行应用程序

剩下要做的就是单击 Play 按钮进行测试。你应该可以在空间中移动，点击关卡中的各个 Actor，然后更改其材质，创建个性化的室内空间（参见图 19.22）。

图 19.22　使用在编辑器中运行的方式测试系统——成功!

　　在设置了足够多的网格体和材质后,只需点击几下就可以显著地改变场景的外观(参见图 19.23 和图 19.24)。

图 19.23　在疯狂点击之前

图 19.24　在疯狂点击之后

19.10　总结

现在，你有了一个完整的应用程序，具有充分、完整的功能，你可以把它发送给你的客户，很高兴履行了所有的义务。你已经看到了简单的蓝图是如何仅用几个节点就在游戏世界中产生非常强大的效果。

你了解了两种创造交互性的方式：一种是使用 UMG，另一种是直接与关卡中的 Actor 建立接口。

你还看到了两种在 UE4 中切换数据的方法，它们都有各自的优势和工作流程。希望你能够开始探索和创建自己的方法，以解决针对你的行业、你的工作流程和数据集的特定需求。

第20章

结　语

本书只触及了UE4的表面。UE4能够访问C++源代码、大量的插件和集成，而且地球上最优秀的一些开发人员每天都在改进它。有了这些，UE4是一个真正的动力源泉，有望改变娱乐和视觉传播行业。从可视化到电影和特效，未来的大门一直是敞开的。

20.1 不断改进的虚幻引擎 4

UE4 的发展速度比我用过的任何其他软件都要快。从我第一次接触到 UE4 Rocket Beta 版本开始，UE4 的编辑器和工具的发展非常惊人。

不断的改进、创新和添加新的工作流程，这是非常频繁的，以至于我的很大一部分工作就是跟上所有的改进。

与这样一个充满活力的社区合作，看到世界上成千上万的个人和团队每天都在用它制作令人难以置信的东西，这非常令人兴奋。

我无法看到未来，但我经常访问许多 Epic Games 公司计划做的工具，观看它们大量的视频，并直接与开发人员和社区交流，深入了解社区和 Epic 希望看到的未来走向。

20.2 可视化的未来

可视化总是有一些核心问题非常困难。交付的高质量产品需要能够有效地讲述故事并在视觉上传达复杂信息，这非常有挑战性。通常可视化的开发时间非常短，预算非常紧张，数据集非常不完整或不断地发生变化（或两者都有）。

UE4 有助于显著地缓解这些困难。其交互性可以使玩家根据自己的想法，以个人化的且可以产生影响的方式可视化数据。与电子游戏一样，使用交互式可视化的玩家是在创造自己独特的故事，而且是从自己的视角出发的。

此外，通过消除渲染时间，可以更轻松地适应数据更改或最后时刻客户提出的需求。这将带来更好、更准确、更实用的产品，更快乐的客户，更高效的工作室，花费更少的渲染和等待时间，拥有更多的时间进行创作和改进。

通过蓝图和 C++ 实现的虚拟现实、交互性和可定制性意味着 UE4 是目前最强大的可视化工具，而且似乎在竞争尚未真正开始时就已经取得了巨大的领先优势。

20.3 后续

我们只接触到了一些很表面的东西，知道了一点 UE4 可以做什么和我们可以用 UE4 做什么。同样的，呈现的示例也仅代表了当今可视化创作类型的一小部分。数据集和客户需求的范围广泛，从一个行业到下一个行业，甚至从一个项目到下一个项目，都是不同的。

我希望能为你奠定基础，使你可以把你的数据和愿景带入 UE4 中。毫无疑问，你会发现一些我在这本书中没有遇到、想到或写到的挑战。当你遇到时，应该能找到大量的可用资源。很多人正在使用和学习 UE4，在面对这些挑战时你永远不会孤单。Epic Games 公司和 UE4 社区都非常热心于使 UE4 成为适合每个人的最佳引擎。

随着你使用 UE4 的时间越来越多，我建议你查看自己的工作流程，看看如何将 UE4 中的工作流程引入整个工作室的工作方式中。就像好莱坞和游戏经常相互交织一样，你可以从开发游戏和交互式可视化中学习到许多经验教训，可以将这些应用于你的日常工作，这样不仅可以改善你的工作，还可以更轻松地将 UE4 集成到你的工作中。

20.4　虚拟现实

虚拟现实（VR）是正在被努力推动的最突出和最有前途的近未来技术。几乎全球的所有行业都在拥抱 VR。虽然 VR 还处在生命的初期，但是像 UE4 一样，它的发展非常迅速。

UE4 在 VR 的发展中发挥着重要作用，因为它很早就支持 VR，而且 Epic Games 公司一直在推进 VR 创新。

现在，UE4 为编辑器提供了 VR 模式，让设计师和艺术家直接在 VR 中构建 VR 世界，并且其具备桌面版本的几乎所有功能，这是一项惊人的壮举。

这个功能不会只被用于宣传，也不会被遗忘。它从一个简单的技术演示到一个真正可行的工作方式得到了积极而迅速的发展。

即使你没有使用 VR 编辑器，Epic 也做了出色的工作，公开了所有输入、追踪和其他功能的各种 VR API 和平台，使得 VR 开发变得轻而易举。

Epic 为 VR 提供的工具、视觉效果和 Epic 的热情相结合，使 UE4 成为首屈一指的 VR 开发平台。

20.5　电影制作

好莱坞已经在很大程度上注意到了 UE4。电影制作者面临着许多与可视化公司相同的挑战，但规模要大得多。任何效率的提高都会产生巨大的差异，因此 UE4 的渲染速度和工具集无疑非常具有吸引力。

游戏开发者和电影制作者多年来一直在互相支持，他们互相学习技巧和技术，以改进自己的产品。

UE4 代表了这些年来行业间整合的高峰。游戏制造者和电影制作者都很熟悉 UE4，这促成了游戏制造者和电影制作者之间的合作，完全模糊了两个领域之间的界线。

几年后，我们将无法分辨很多游戏和电影之间的区别，我们对每个游戏和电影的期望都会发生巨大的变化。

20.6　内容创作

随着 UE4 的成熟，越来越多的内容创作工具正在开发中。在 UE4 最近的更新中，Epic 为其添加了带有细分曲面的完整多边形建模功能（它甚至适用于 VR 编辑器模式），以及涂色（Painting）和雕刻（Sculpting）工具。

UE4 现在也支持渲染到纹理（Render to Texture，RTT）。使用材质编辑器、粒子系统和 UE4

中的其他可用工具，你可以像在 Substance Designer 或 Photoshop 中那样创建翻页动画、纹理和其他效果。

UE4 需要很长时间来替换你所需的所有工具，但是我在 3D 应用程序上花费的时间越来越少，而在 UE4 中花费的时间越来越多。

20.7   感谢

最后，感谢你，善良的读者。我很兴奋这本书能存在。十多年来，我一直在努力将我对游戏技术和可视化的热情结合起来，非常兴奋能看到可视化行业开始接受实时渲染，特别是 UE4。

我希望你能付出所有的努力，并期待看到你所有惊人的创造和创新。

术 语 表

A

Actor Actor 是可以放置到关卡中的对象。Actor 是一个通用类，支持 3D 变换，例如平移、旋转和缩放。Actor 可以通过游戏代码（C++ 或蓝图）创建（生成）和销毁。在 C++ 中，AActor 是所有 Actor 的基类。

Answer Hub 一个可搜索的数据库，包括使用 UE4 时所报告的 Bug、建议和问题。你也可以提交自己的 Bug 报告，并提问和回答问题。

B

Blueprint Editor（蓝图编辑器）蓝图编辑器是一个基于节点的图形编辑器，可以作为主要的工具来创造和编辑构成蓝图的可视化脚本节点网络。

Blueprint（蓝图）蓝图是一种特殊的资源，提供直观的基于节点的界面，可用于创建新类型的 Actor 和脚本级事件；为设计师和游戏程序员提供在虚幻编辑器中快速创建和迭代游戏内容的工具，而无须编写一行 C++ 代码。

C

Character Character 是 Pawn Actor 的子类，旨在作为玩家角色存在。Character 子类包含了碰撞设置、双足移动的输入绑定及由玩家控制移动的附加代码。

Class（类）类定义了在创建虚幻引擎游戏时使用的特定 Actor 或对象的行为和属性。类是有层级的，这意味着一个类从其父类（一个类或子类从父类派生）继承信息，并将该信息传递给其子类。可以使用 C++ 代码或蓝图创建类。

Component（组件）组件是可以添加到 Actor 的一部分功能。组件无法单独存在，但是当它被添加给一个 Actor 时，Actor 可以访问组件提供的功能。

Content Browser（内容浏览器）内容浏览器是虚幻编辑器的主要区域，用于在虚幻编辑器中创建、导入、组织、查看和修改内容资源。

Content Cooking（内容烘焙）内容烘焙是将内容从虚幻引擎使用的内部格式（如纹理数据使用的 PNG 或音频使用的 WAV）转换为每个平台使用的格式的过程。这种转换是因为平台使用专有格式，不支持虚幻引擎用于存储资源的格式，或者存在对于内存 / 性能更有效的格式。

Controller Controller 是非物理的 Actor 类，可以拥有 Pawn 或角色来控制其行为。

D

Details Panel（细节面板）细节面板中包含针对视口中当前选项的信息、工具和函数。例如，用于移动、旋转和缩放 Actor 的转换编辑框，选定 Actor 的所有可编辑属性，对附加编辑功能的快速访问（取决于视口中选择的 Actor 的类型）。

E

Editor Preference（编辑器首选项）编辑器首选项窗口用于修改与控件、视口、源代码控制、自动保存等相关的虚幻编辑器行为的设置。

Event（事件）事件是蓝图执行的起点，仅有一个输出 Exec 节点。可以创建自定义事件（Custom Event），它同样能被蓝图代码调用。

F

Function（函数）通过代码或蓝图编辑器定义的可执行方法，至少有一个输出参数或返回一个值。

G

Game Mode（游戏模式）GameMode 类负责设定正在玩的游戏规则。规则可以包括玩家如何加入游戏，游戏是否可以暂停，关卡切换，以及任何针对游戏的行为（例如胜利条件等）。

Gameplay Framework（游戏框架）基础的游戏类，包括了表示玩家、盟友和敌人的功能，以及通过玩家输入和 AI 逻辑控制这些虚拟替身。还有用于为玩家创建 HUD 和摄像机的类。最后，像 GameMode、GameState 和 PlayerState 这样的游戏类设定游戏规则。游戏类还可以跟踪游戏和玩家的进展情况。

Global Asset Picker（全局资源选取器）全局资源选取器（Ctrl+P 组合键）是编辑资源或将资源放入关卡的快速访问方法。它在某些方面类似于内容浏览器，但工作范围却并不仅限于你在资源树中选择的当前文件夹。你不仅可以为你的游戏选取资源，还可以选取引擎中的任何资源，例如光源或声音发射器。因为它以列表格式提供所有可用资源，所以并不适合作为浏览手段。而如果你知道自己需要的是哪个资源（或资源类型），只想快速在搜索（Search）框中输入它的部分名称，那么最好的工具就是它。

H

HUD HUD 是 "heads-up display"（抬头显示）的缩写，是许多游戏中常见的 2D 屏幕显示。

L

Launcher（启动器）一个 UE4 应用程序，使你可以管理 UE4 的安装、商城内容和其他插件。启动器还承载了 Community 选项卡、Learning 选项卡和 Modding 选项卡，提供了大量的信息。

Level（关卡）关卡是用户定义的游戏区域。可以通过放置、转换和编辑关卡包含的 Actor 的属性对关卡进行创建、查看和修改。在虚幻编辑器中，每个关卡会被存储为一个独立的 .umap 文件，这也是为什么有时你看到它们被称为地图（Map）的原因。

Level Editor（关卡编辑器）查看和编辑关卡的工具，是包含许多编辑器功能的容器。

Level Sequence（关卡序列）关卡序列是一个 Actor，充当过场动画场景的"容器"，必须在创建关卡序列后才能开始在 Sequencer 编辑器中工作。

Level Streaming（关卡流送）关卡流送功能可以将地图文件加载到内存中，也可以使其从内存中卸载，并在游戏过程中切换地图。这样场景就能拆分为较小的文件块，只有相关的部分才会占用资源并被渲染。在进行正确的设置后，就能创建大型且无缝衔接的关卡，玩家身处其中时将真实体会到自身的渺小。

Lightmass Lightmass 是静态全局照明系统，它通过复杂的光线相互作用创建光照贴图，例如来自固定和静态光源的区域阴影和漫反射传递。

M

Map（地图）地图是关卡的同义词（参见 Level）。

Marketplace（商城）商城是 UE4 启动器内嵌的在线商店，允许社区在其中购买和出售 UE4 内容。

Material（材质）材质是可以应用到网格体上的资源，用它可以控制场景的视觉外观。从较高的层面上说，可能最简单的方法就是把材质视为可应用到一个物体的"描画"。但这种说法也会产生一点误导，因为材质实际上定义了组成该物体所用的表面类型。你可以定义它的颜色、光泽度及透明度等。

Material Editor（材质编辑器）材质编辑器提供了为几何体创建着色器的能力，使用一个基于节点的图形界面。

Material Instance（材质实例）材质实例是子材质，其使用参数来更改材质的外观，而不会导致对材质进行昂贵的重新编译。

Middleware（中间件）中间件是提供可以立即使用的功能的应用程序，可以作为独立的应用程序或插件来扩展一个应用程序。

Modes（模式）模式是一些为特定任务更改关卡编辑器的主要行为的工具，例如将新资源放入世界、创建几何体笔刷和体积、在网格体上绘制、生成植物及雕刻景观。

Modes Panel（模式面板）模式面板提供了对编辑器模式设置和工具的访问。

O

Object（对象）虚幻引擎中的基础构建块被称为对象，包含游戏资源的很多基本的"内部隐含"功能。UE4 中的几乎所有内容都从对象继承（或获取某些功能）。在 C++ 中，UObject 是所有对象的基类，它实现了一些功能，例如垃圾回收，对虚幻编辑器开放变量的元数据（UProperty）支持，以及加载和存储的序列化。

P

Packaging（打包）打包的目的是测试你的完整游戏而不是单个地图，或是为你的游戏准备提交 / 分发。

Pawn Pawn 是一个在世界中作为"代理"的 Actor。Pawn 可以被控制器拥有，它们被设置为方便接收输入，并且它们可以执行各种类似玩家的事情。注意，Pawn 并不假定是人形的。

Physically Based Rendering（基于物理的渲染，**PBR**）基于物理的渲染是指使用粗糙度、底色和金属度来准确表示真实世界材质的概念。

Play in Editor（编辑器中运行，**PIE**）"编辑器中运行"使你可以直接从编辑器运行当前关卡，这样你就可以测试游戏功能，包括玩家控制和玩家行为触发的关卡事件。

Player（玩家）玩家是与你的应用程序进行交互的真实人类。

PlayerController PlayerController 是 Pawn 和控制它的人类玩家之间的接口。PlayerController 实质上代表了人类玩家的意志。

PlayerState PlayerState 是游戏中参与者的状态，如人类玩家或模拟玩家的机器人。

Plugin（插件）插件使你能够添加全新的功能并修改内置功能，而无须直接修改引擎代码，如向编辑器添加新菜单项和工具栏命令，甚至添加全新的功能和编辑器的次级模式（Sub-Mode）。

Post-Process Effect（后期处理效果）后期处理效果使艺术家和设计师能够调整场景的整体外观和感觉，渲染场景在视口中显示之前应用的这些效果，包括泛光（对明亮物体的 HDR 泛光效果）、环境光遮蔽（Ambient Occlusion）和色调映射（Tone Mapping）等。

Project（项目）项目是一个自包含的单元，它保存构成一个游戏的所有内容和代码，与磁盘上的一组文件夹一致。

Project Browser（项目浏览器）项目浏览器提供了一个界面，用于创建新项目、打开现有项目或打开示例游戏和展示样本等示例内容。

Project Launcher（项目启动器）Project Launcher 选项卡提供了一个图形化的前端界面，用于构建、烘焙、部署和启动游戏。

Project Settings（项目设置）项目设置编辑器提供了对配置选项的访问，这些特定的选项指定关于项目的信息，以及定义运行项目时引擎的行为方式。

Property Matrix（属性矩阵）属性矩阵允许对大量对象或 Actor 进行轻松的批量编辑和数值比较。它用一个表格视图，将一组对象的一组可配置属性显示为列，并且这个表格可以按任意列排序。

R

Rasterization（光栅化）光栅化是从矢量数据创建渲染图像的过程。UE4 使用光栅化而不是光线跟踪来实现交互式的帧速。

Raytracing（光线跟踪）用于通过模拟光线在场景中通过的路径来生成渲染图像的一种技术。它能产生非常高的质量，但是计算成本非常高。

Real-Time（实时）实时是指应用程序立即响应应用用户的输入。这通常需要反应时间低于 1/30 秒。

Redirector（重定向器）重定向器在移动或重命名资源时提供对资源新位置的引用，以便操作时未加载的内容可以找到资源。

S

Sequencer 虚幻引擎的过场动画工具集，它提供了对场景剪切、动态游戏序列和电影的导演级控制。

Simulate In Editor（在编辑器中模拟）"在编辑器中模拟"使你可以在编辑器视口中运行游戏逻辑，这样可以像游戏运行时一样检查、编辑并与世界中的 Actor 进行交互。

Skeletal Mesh（骨骼网格体）骨骼网格体由两部分组成，构成骨骼网格体表面的一组多边形，以及可用于为多边形设置动画的一组互相连接的骨骼。

Skeleton（骨骼）骨骼是一种资源，保存了特定类型角色或骨骼网格体的骨骼和层次结构信息。

Slate UI Framework（Slate 用户界面框架）Slate 是一个完全自定义和与平台无关的用户界面框架，其用于为工具和应用程序构建用户界面，例如虚幻编辑器或游戏内的用户界面，构造过程既有趣又高效。它是 UMG 基于的核心技术。

Source Code（源代码）在 UE4 中，源代码是指构成 UE4 的 C++ 代码文件。这些文件编译后生成编辑器、启动器和其他的 UE4 工具。

Spawn 创建一个 Actor 的新实例，可以在运行时以编程的方式创建，或者在设计时在关卡编辑器中手动创建。

Static Mesh（静态网格体）静态网格体是由一系列静态多边形构成的几何体的组成部分，是用于在 UE4 中创建关卡的世界几何体的基础单元。

Static Mesh Actor（静态网格体 Actor）一个可视化表示为静态网格体的 Actor。

Static Mesh Components（静态网格体组件）一个为 Actor 添加静态网格体的组件。

Static Mesh Editor（静态网格体编辑器）静态网格体编辑器提供了工具，用于预览静态网格体资源的几何体、碰撞和分层细节（LOD），以及编辑属性、应用材质和设置碰撞几何体。

T

Texture（纹理）纹理是图像，它们被映射到应用了材质的表面。

U

Unreal Editor（虚幻编辑器）虚幻编辑器是虚幻引擎提供的完整工具套件，使开发人员能够构建关卡、导入内容、创建效果等。

Unreal Motion Graphic（虚幻运动图形，UMG）UMG 界面设计器是一个可视化的 UI 创作工具，可以用来创建 UI 元素，如游戏中的 HUD、菜单或你希望呈现给用户的其他界面相关图形。

V

Variable（变量）变量是一个被命名的内存位置，可以存储数据（如数字和文本）。

Viewport（视口）视口是你查看在虚幻引擎中创建的世界场景的窗口。你可以像在游戏中那样浏览它们，也可以像在架构蓝图中那样以更具方案设计感的方式使用它们。

Volume（体积）体积是关卡中的一些三维区域，每个体积都有特定的用途。

W

Widget Blueprint（控件蓝图）控件蓝图是虚幻运动图形（UMG）界面设计器使用的专用蓝图，为控件提供可视化布局和逻辑编辑功能。

World（世界）世界包含了已加载的关卡列表，它用于处理关卡的流送和动态 Actor 的生成（创建）。

World Outliner（世界大纲）世界大纲面板用层级树视图显示场景中的所有 Actor，视图可以进行过滤，也可以直接在树中选择和修改 Actor。

反侵权盗版声明

电子工业出版社依法对本作品享有专有出版权。任何未经权利人书面许可，复制、销售或通过信息网络传播本作品的行为；歪曲、篡改、剽窃本作品的行为，均违反《中华人民共和国著作权法》，其行为人应承担相应的民事责任和行政责任，构成犯罪的，将被依法追究刑事责任。

为了维护市场秩序，保护权利人的合法权益，我社将依法查处和打击侵权盗版的单位和个人。欢迎社会各界人士积极举报侵权盗版行为，本社将奖励举报有功人员，并保证举报人的信息不被泄露。

举报电话：（010）88254396；（010）88258888

传　　真：（010）88254397

E-mail：dbqq@phei.com.cn

通信地址：北京市万寿路 173 信箱　电子工业出版社总编办公室

邮　　编：100036